ASIA COFFEE AND WESTERN-STYLE PASTRY

亚 洲 咖 啡 西 点

——红色之心——

主编 王森

CAFÉ & GÂTEAUX

青岛出版社
QINGDAO PUBLISHING HOUSE

CAFÉ&GÂTEAUX
亚 洲 咖 啡 西 点

书名：亚洲咖啡西点　红色之心

主编：王　森

执行主编：张　婷

国际特邀主编：印尼 *Bareca Magazine* 主编 张辉德

出版发行：青岛出版社

社址：青岛市海尔路 182 号（266061）

本社网址：http://www.qdpub.com

邮购电话：17712638801　0532-85814750（传真）

0532-68068026

组织编写：王森国际咖啡西点西餐学院

支持发行：

常州市森派食品有限公司

日本果子学校

韩国彗田大学

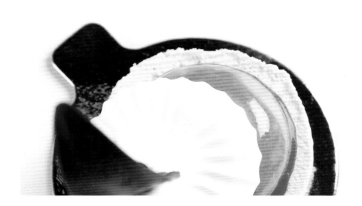

策划编辑：周鸿媛

特约组稿：张　婷

责任编辑：纪承志

流程策划编辑：夏　园

文字编辑：缪蓓丽

资深专题编辑：栾绮纬

插画专题编辑：夏　园

图片专题编辑：刘力畅

视频专题编辑：邢冲冲

装帧设计：庄云星

翻译编辑：缪蓓丽

媒体运营：严维龙

制版：青岛艺鑫制版印刷有限公司

印刷：青岛海蓝印刷有限责任公司

出版日期：2020 年 3 月第 2 版 2020 年 3 月第 2 次印刷

开本：16 开（710 毫米 ×1010 毫米）

印张：7

字数：100 千

印数：3001-5500

书号：ISBN 978-7-5552-6816-1

定价：48.00 元

编校质量、盗版监督服务电话 4006532017

（青岛版图书售出后如发现质量问题，请寄回青岛出版社

出版印务部调换。电话：0532-68068638）

婚礼是人一生中最奢华的仪式，从爱情开始的那天起，每个人都会在心中编织那个梦幻场景。如今随着婚礼甜品台的普及，越来越多的年轻人开始用它来讲述彼此之前那些充满爱意的片段，与到场的宾客分享甜蜜与幸福。

本期杂志以"红色之心"为主题，恋人之间的红色之心是爱的象征，看到它不禁会让人想起那些内心小鹿乱撞的瞬间。同时它又像是一盒包裹着浓郁馅料的心形巧克力，每一颗都有不同的滋味，如同多姿多彩的人生，每一天都充满了惊喜与甜蜜。

为方便读者取阅参考，本期杂志将"主编推荐"特别设计为单独书册，用新眼光看待老事物，总能捕捉到藏在深层次里可以变化的因素，对待甜点，亦当如此。与研发有约，推出大师倾注心血的最新力作，不断地调整配方，试用新的原料和搭配方式，只为做出别样的、好吃的口感。

"前沿资讯"呈现最新行业资讯，国内外展会赛事盛况、知名品牌新品层出不穷；"专题介绍"专注大师采访，近距离接触心目中的大师，细说西点技艺，倾囊相授，展开一场与西点巅峰思想的对话；更有"名店报道"，详解热门面包店、甜点店的经营管理，为想创业的读者提供思路！

Café & Gâteaux 得以发展并日渐成熟，得到了日本果子学校、印尼 *Bareca* 杂志、意大利 SilikoMart、《面包店的合作伙伴》杂志、常州市森派食品有限公司、*Cafe Culture*| 啡言食语、东京烘焙职业人、安琪酵母股份有限公司、北京安德鲁水果食品有限公司等合作企业的大力支持，致以感谢。

我们力求把杂志做得应时应景，更具实用性和时尚性，让更多西点爱好者能热情地参与其中。我们的目标是让 *Café & Gâteaux* 成为每一个美食人一生的好搭档，并为此不懈追求与努力！祝大家心情愉快！

2020 年 2 月 29 日

主编：王 森

他，被业界誉为"圣手教父"，拥有超过十万的学子，用残酷的魔鬼训练打造出第 44 届世界技能大赛烘焙项目冠军。

他，是国内高产的美食书作家，200 多本美食书籍畅销国内外。

他，是跨界大咖，用颠覆性的想象将绘画、舞蹈、美食巧妙结合的美食艺术家。

他，是世界级比赛的国际裁判，带领着团队一次次地站上世界的舞台。

他，被欧洲业界主流媒体称为中国的甜点魔术师，是首位加入 Prosper Montagne 美食俱乐部的中国人。

他，联手 300 多位厉害的名厨成立上海名厨交流中心，一直致力于推动行业赛事，挖掘国内行业人才。

他，创办的王森集团被评为"国家级高级技能人才培训基地"，他的工作室被评为"国家级技能大师工作室"。

他，就是《亚洲咖啡西点》杂志、王森美食文创研发中心创始人，王森咖啡西点西餐学校创始人——王森。

张 婷

执行主编

王森国际咖啡西点西餐学校高级技师，*Café & Gâteaux* 杂志主编，
省残联考评员，多家烘焙杂志社特约撰稿人，参与出版发行了专业书籍 230 余本。

EDITOR'S NOTE
编者语

任何美好的语言都形容不出遇见你的第一眼。穿越亿万人次，终于在人群中看到了那个耀眼的身影，其周身散发的磁场不断吸引你靠近。回眸的一抹浅笑，一瞬间的怦然心动，使两个个体开始产生交集，以爱之名携手相伴。

童话搬的婚礼，缕缕阳光中散发着爱情的甜蜜，踏着细密的花瓣，将爱字融化在步履方寸间。仰头追寻斑斓的色彩，微风奏响风铃，吟诵爱的诗篇。将彼此的爱意融进蛋糕里，随着咀嚼，汇成一股暖流缓缓蔓延至全身。

捧花如同爱的信使，承载着新人的美满爱情和幸福未来。当新郎将捧花交到新娘的手中，新娘一直紧握着这份甜蜜。直到婚礼结束时，才将捧花抛给另一位期盼幸福的女子，爱与希冀就在那一片片花瓣间飞扬着。

巧克力是婚礼中绝佳的伴手礼。在巧克力诞生之初，没有人能够想到，经过岁月的沉淀，它会成为世界上最深情的食物，让人用舌尖感受无声的爱。巧克力甜蜜中带着微苦的滋味，醇厚又缠绵，使它足够以爱的名义陪伴人们度过漫长岁月。

CAFE&GATEAUX

CONTENTS
红色之心

◇◇◇ 主题季　010 —— 穿越人海遇见你
　　　　　　　012 —— 让鲜花传达最美的情话
　　　　　　　016 —— 以一抹清新自然诠释珍贵的爱情
　　　　　　　018 —— 用甜品讲述一段美好的故事
　　　　　　　022 —— 婚礼甜品台展示
　　　　　　　028 —— 新品推荐

◇◇◇ 前沿资讯　041 —— 十年磨一剑，这个冠军对中国烘焙太重要了！
　　　　　　　048 —— 中国队首次夺得烘焙世界杯冠军
　　　　　　　052 —— 2019 第四届北美"金豆杯"烘焙大赛之评委有话说
　　　　　　　055 —— 盘点空气喷枪在西点中的相关应用
　　　　　　　060 —— Nutshell：柠檬般大小的袖珍型手持磨豆机
　　　　　　　062 —— 知名品牌新品推荐

◇◇◇ 专题介绍　078 —— 专访•世界巧克力大师 水野直己
　　　　　　　　　　 谷底便是机会
　　　　　　　082 —— 专访•亚洲西点师竞技大赛冠军 王胜
　　　　　　　　　　 下个路口继续见
　　　　　　　088 —— 脚踏实地，方能仰望星空
　　　　　　　　　　 揭秘冠军作品的制作诀窍

◇◇◇ 名店报道　094 —— sensory cells | 打开你的味蕾，使感官全方位沉浸在咖啡世界
　　　　　　　097 —— Ninina Bakery Cafe | 咖啡馆就像是冬日里的暖阳
　　　　　　　100 —— 王森名厨中心探店计划
　　　　　　　　　　 杭州钱塘江畔的甜点界新星

THE RED HEART

THE WHISPER
OF LOVE

◇◇◇别册：主编推荐

002 —— 春之闪电泡芙

005 —— 巧克力马卡龙

008 —— 红色磅蛋糕

011 —— 覆盆子巧克力面包

REMEMBER THE MOMENT LOVE BEGAN

PASS THROUGH

穿越人海遇见你

Writer || 缪蓓丽　　**Illustrater** || 夏园

爱情就是穿越亿万人次，遇见了人群中那个耀眼的身影，其周身散发的磁场不断吸引着你靠近。

在相遇之初，彼此是两个独立的个体，就像是两根自由延伸的线条。随着时间推移，两根线条愈渐接近，并最终形成交点。

一见钟情也许是一个回眸，或是指间不经意的一次碰触，都能让内心为之一颤。不确定那是不是爱情，只知道那一刻让人心跳加速，不禁想多看几眼。

而初恋就像草莓欧蕾，在柔和的奶香中透着些许酸甜的滋味。那段时光就像是身处梦幻的粉色世界里，一个个幸福的瞬间被定格，漂浮在脑海中。

不禁让人感叹，初恋是那样纯粹，给人带来满满的甜蜜和幸福感。甚至是那些曾经让人痛苦不堪的往事，似乎都会随风而逝，过眼云烟。

MEETING YOU

有些人的初恋结出了爱情的果实，有些人的却无疾而终。无论如何，那都是一段埋藏在心底的美好记忆。就像有些事只适合收藏，不能说，也不能想，更不能放。

兜兜转转，人们内心最期望和渴求的不过是这些最简单的感情，简单得就像山里的一汪清泉，甘冽清澈，滋润着心灵。

爱情对于我们来说，就如同一个调色盘，将两个毫不相干的人的生活调和在一起，成为别人眼中最美的风景。

FLOWER ARRANGEMENT

让鲜花传达最美的情话

Writer || 缪蓓丽　　**Photographer** || 王东　　**Illustrater** || 夏园

鲜花常常被看作是爱的信使，一场别开生面的婚礼往往离不开鲜花的装点。在婚礼中使用鲜花的传统可以追溯到古希腊和古罗马时期，那时的婚礼仪式上经常能看到花环，人们认为它能带来好运。

国内关于花艺的记载最早始于汉代，但在此前的文学著作中，已经开始对花和植物进行筛选、分类、审美，并寄予情感，这对后来中国花艺文化的发展起到了十分关键的作用。如今花艺已成为日常生活中较为常见的一种装饰形式，将几种花卉排列组合，放置在家中的容器内，不仅能为生活增添活力和生机，同时也能展现主人的生活格调。

在窗前摆上一束鲜花，香气随着轻风浸染到房间的每一处角落，瞬间唤醒好心情，迎接崭新的一天。餐桌上只需小小的鲜花点缀，便能让一顿普通的家宴立刻得到升华，充满仪式感和幸福感。办公桌上简单大方的瓶插，让人在伏案抬头之间清心明目，也是忙碌中一丝难得的放松。

FLOWERS ARE SEEN AS MESSENGERS OF LOVE

花艺配色公式

为了营造花束的层次感，花艺师可以从主配与强调的关系入手，控制整个作品的颜色关系。其中基础色打底、主配色决定风格、强调色点睛，三类颜色各司其职，即使再复杂的花材，也能配出和谐的花色。

基础色：主配色：强调色 =7:2.5:0.5

1. 基础色

基础色就是主花的颜色，它在整个花束中占比最高，同时它也决定了花束给人留下的整体印象。例如：粉红色给人以柔软和愉快的印象；红色让人感觉高雅而神秘；白色象征着纯洁和浪漫；黄色则给人以活泼轻快的感觉……

2. 主配色

主配色也称调和色，它与基础色的搭配决定了花束的主要风格。当主配色与基础色为类似色时，因为颜色接近，两者之间的搭配十分自然，只需营造出不同的层次感就可以了。当主配色与基础色为互补色时，会产生强烈的视觉冲击，花束效果也会比单一配色显得更明快、活泼。

3. 强调色

强调色虽然只占了极少的空间，却是整个花束的灵魂。当主配色与基础色为类似色时，若选择的强调色是对比色，那它便会成为花束的焦点。若手边没有适合的花卉，也可以将花瓶当作强调色。

以下是几种花艺造型的展示,其中花盒和瓶花均使用翻糖花与巧克力花作为花材。

手持花束

新娘手中的捧花是幸运和幸福的象征,它也能传递幸福。在婚礼结束后,新娘将捧花抛给未婚的女子,而接到它的女子将会得到祝福,并成为下一位结婚的新娘。

捧花这一习俗来源于西方,在越来越多的人崇尚西式婚礼的时候,却不知道捧花背后蕴含的意义。过去西方人认为任何具有浓烈气味的东西都具有驱邪避害的作用,而鲜花馥郁的香气和柔美的造型使其成为了婚礼中不可或缺的元素,捧花就像是婚礼的守护使者,守护着婚礼上的人们免遭厄运及疾病的侵害。

不仅是婚礼这样的特殊日子,在日常的节日中也试着送一束值得纪念的鲜花吧!红玫瑰是表达爱意的首选,尤其适合热恋中的情人们。当男孩手捧一束红玫瑰,单膝点地,仿佛周围所有的一切都在"说"着"我爱你"。巧克力不仅是一种美食、一种舌尖丝滑甜蜜的享受,更是爱的象征,将巧克力包入花束中,让甜蜜可以听到,并融口于心。

花盒

作为礼物的第一印象往往非常重要,将鲜花装进盒子里,浪漫唯美的包装能让收到礼物的人感受到捧在手心里疼爱的童话感,并且打开花盒的瞬间会给人带来惊喜,这无疑是让人得到了双倍的甜蜜和幸福。

为了把这一份甜蜜永久保存,因此花盒中常会以永生花作为主要花材,配以精致的包装,使其成为家中精美的装饰品。食品界的各类花型也开始争奇斗艳,却都不敌翻糖花的美丽。翻糖花也被认为是一种永生花,将一朵朵翻糖花小心翼翼地装进花盒中,萦绕在鼻尖的是甜甜的淡香。

瓶花

瓶花是以瓶作为插花器皿的插花,瓶花有一种古典美,这与瓶子优雅的外形也有一定的关系。关于瓶花插花有一个原则:一枝二枝正,三枝四枝斜,而对于数量较多的瓶花插花,则要相互交叉,使整体显得错落有致。

01 ……………………………… 中国传统插花 / Chinese traditional flower arrangement

这一类中国传统的插花特别注重表现植物的自然形态,模拟植物的自然生长姿势,崇尚自然,追求诗情画意。折一枝绽放的玉兰花插入花瓶中,利用花枝本身的线条形态来创造美,倒也有几分禅意,当花苞与绽放的花朵立于一枝时,让人感受到"生"的魅力。

一瓶一花是花艺中最简单的花瓶插花，只需一种鲜花和生活中常见的花瓶就可以轻松制作。准备几个相似的花瓶，尝试将同一种鲜花插入瓶子中。图示中采用了两种鲜花和叶子装饰，使花瓶显得更丰富，但即使每个瓶子中只插一枝花，也颇有韵味。

即使是平淡的日子，也在餐桌上摆放一束鲜花吧！将花园中开得正盛的月季花移至花瓶中，没有严格的插花规则，只需随意地插入花瓶中。选择一个较低矮的花瓶，即使放在餐桌中心也不会遮挡视线，还能为空空荡荡的餐桌增加一抹亮丽的色彩。

FLOWERS LIGHT UP A DULL LIFE

将在特殊的节日里收到的鲜花插入花瓶中，为了让鲜花能在舒适的环境里持久保鲜，一般会选用较大的花瓶，为它们提供充足的空间，尽情地绽放美丽的花朵。将花瓶置于餐桌上，奥斯汀玫瑰的香味令人心醉神迷，也让家中充满了高贵的气息与浪漫的情调。

柑橘类水果与鲜花的搭配，入眼是满满的新鲜感，使得空气中也充满了柑橘神清气爽的花果清香。由于柑橘类水果通常体量较大，在这一组作品中使用金桔作为装饰，搭配芍药与月季，放置在餐桌上或是玄关处，为家中增添几分浪漫的情趣。

虽说向日葵的花姿不如玫瑰那么浪漫，但它如小太阳般的花型散发着自己独特的魅力。向日葵花色亮丽、纯朴自然，它绽放的不仅是爱情，更是对梦想和生活的热爱。将向日葵置于家中，点亮了枯燥的生活，并且它的生命力十分顽强，无需精心照料也能维持较长的花期。

ROMANTIC

当爱情褪去了最初的轰轰烈烈和悸动，在携手相伴的漫漫人生路上，稀松的日常才是细水流长中的模样。但生活不止有柴米油盐，当每一个重要的节日年复一年的到来时，我们仍会期待那一份惊喜与浪漫。鲜花是制造浪漫的最佳选择，它们用自己的语言向彼此传达最美的情话，创造一段美好的回忆。

以一抹清新
自然诠释珍贵的爱情

Writer || 缪蓓丽   **Photographer** || 王东   **Illustrater** || 夏园

习惯了繁华的都市生活，不禁想要回归自然的市井。怀念那时童话般的森林，温柔的月光
如水般透过树梢的缝隙，洒落一地。萤火虫从森林的溪流间汇聚，乘着清风将微光洒落在
森林各处。在茂密的丛林深处，有交织缠绕的藤蔓与鲜花，一切都显得那样神圣而浪漫。
鲜花与星光交相辉映，使得一切既神秘梦幻又触手可及。

在人生的特殊时刻，想要重现那时的景致，用自然的配色和特别的花艺设计打造出曾经的梦境之所。童话元素与森系风格的交融，复古大气又不失可爱浪漫。木质结构的支架配以铁艺装饰，自然中又透出几分华丽。

如果在一复古的森系作品中融入现代设计的风格，而绿色无所顾忌地展示自己特有的魅力，为整体增添了几分生机和自由。邀你赴一场森林之约，靠近摄入心魂的一点光亮，拂晓晨雾中的精灵即将带着轻盈浪漫为你而来。

这一系列的婚礼风格，颇能体现空间的细腻质感和自由。当冬日里的阳光缓缓流进生命，热烈生长的植物被包裹在中心。在那样的环境下，绿植、宫殿、烛光、祝福和拥抱，梦中的婚礼场景都会浮现在眼前。

纱幔的装饰为整体增添了朦胧的氛围，而罗马柱和宫殿的装饰为婚礼营造了低调的欧式奢华感，令这对热恋的新人在庄严的气氛下，进行这一神圣而美好的仪式。岁月雕刻的天使雕像宛如森林里的精灵，见证两人携手相伴，直到终老。

PRECIOUS LOVE

用甜品讲述一段美好的故事

Writer || 缪蓓丽　　**Photographer** || 王 东　　**Illustrater** || 庄云星

随着中西方文化的融合，甜品台慢慢成为中国婚礼中不可或缺的一部分。

而甜点技术的发展，尤其是英式糖霜和美式翻糖的流行，使甜品台逐渐成为了婚礼上的一道靓丽而独特的风景线。

它不仅增添了婚礼中甜蜜和幸福的氛围，更体现了主人的品味和周到的安排。

十年前，国内的婚礼鲜有甜品台的出现，因此当人们第一次见到甜品台时，

不禁思考：甜品台是什么？甜品台上的甜品可以吃吗？

随着甜品台逐渐走进人们的生活，这些问题便迎刃而解了。

中国人向来是注重仪式感的，法国童话《小王子》里也写道："仪式感就是使某一天与其他日子不同，使某一时刻与其他时刻不同。"婚礼是人生中最重要的时刻，从古至今，我们都会设宴席、行仪式等，让人铭记这一美好的时刻。如今甜品台的出现无疑是对婚礼仪式感更好的诠释，它能大大提升婚礼现场的格调，并给新人和宾客留下最甜蜜的印象。

与婚礼融于一体的甜品台，每一秒都让婚礼更加甜蜜。但它却不只是用于观赏的艺术品，更有很多其他的实用功能。通常甜品台设置在会场外，新人与宾客可以在甜品台前合影留念，另外，提早到场的宾客也可以在等待过程中享用这些小甜点。

一个完整的甜品台，通常由主蛋糕、副蛋糕、杯子蛋糕、造型饼干、糖果、饮品等组成，将这些甜点搭配不同的容器和摆放方式，能表现出截然不同的效果。一般主蛋糕是表现婚礼主题和元素的载体，造型华丽，放置在甜品台的中心处。副蛋糕形式多样，通常高度较主蛋糕矮一些，裱花蛋糕、翻糖蛋糕、马卡龙或泡芙塔等都是不错的选择。其余的甜品都可以根据主题设计相关的造型和口味。

丰富的甜品种类代表着无穷无尽的搭配方法，那么该如何布置自己的婚礼甜品台呢？

首先，甜品台的风格和色调应与婚礼主题一致。通常在一个甜品台中会运用三种及以上的颜色进行组合，配色的选择可以借助色相环。较常见的是选择相邻的三个颜色，若觉得颜色过于单调，可以选择两个对比色，以及其中一个颜色的相邻色，这样的配色活泼却不显凌乱。

TELL A WONDERFUL STORY WITH DESSERT

其次，在甜品台的摆放中，最关键的是要打造三角形。较常用的摆台法则是单个三角形法则、倒三角形法则和多个三角形法则，这三个法则的关键都是要打造一个主要的焦点，并以此构建一个对称的布局，这样就能创造出具有视觉吸引力的甜品台摆台。

单个三角形法则

在这一类甜品台中，可以通过一个比其他物品都高的中心焦点，来制造让人视觉愉悦的物品排列设置，通常可以将主蛋糕作为这个焦点。剩余的物品则是从中间向两边依次排列，相对较矮的物品放在桌子的两边，构成一个三角形的形状。同时，从后往前也呈现一个三角形的形状，越靠近桌边的物品高度越低。这样的甜品台看起来更美观，所有物品的摆放整齐划一，并且能突出每一个产品的特点。

Single
triangle rule

倒三角形法则

这一类甜品台往往会设置两个焦点，而中心点则采用三层甜品架等道具使高度下降，从而构成一个倒三角的形状。除了中心和焦点的设置，其余物品与单个三角形法则一致，依然从焦点向两边依次排列，相对较矮的物品放置在桌边。

Inverse
triangle
rule

多个三角形法则

通常这类甜品台的设置较为复杂，我们可以利用几种不同的物品来创造焦点。例如在中心处放置一个主蛋糕，两侧的副蛋糕与其他小甜点构成更小的三角形，因此甜品台整体呈现的不是一个完全对称的造型，但是这类甜品台在排列上显得错落有致，富有个性。

Multiple triangle rules

最后，甜品台道具的选择也要与婚礼的风格一致。例如森系主题的婚礼可以选择木质或白色铁艺道具，并以鲜花、树叶、藤条等进行装饰，打造一个清新自然的甜品台；欧式主题的婚礼可以选择金色铁艺道具或白色铁艺道具，并辅以鲜花、烛台等装饰，使其符合整体华丽的格调；中式婚礼可以选择木质道具进行搭配，并融入屏风、团扇、字画等元素，使整体显得古色古香、诗情画意……

一个完美的甜品台离不开设计师的努力，作为甜品台的设计师，既要有编剧的策划能力，在作品中融入新人的恋爱经历和他们喜爱的风格，又要像导演那样，通过甜品台中的每一个元素的组合，最终呈现出一个最完美的定格画面。与所有的设计行业一样，优秀的创造力是在众多甜品台设计师中能够脱颖而出的关键性因素。甜品台的作用有很多，其优势也很明显，甜品台的日益流行也推动了烘焙行业的发展，越来越多的私房烘焙店开展设计甜品台的业务，同时这一发展也促进了烘焙教育行业的繁荣。若是甜品台设计师空有想法，缺乏技术的支撑，一样会在行业发展的洪流中被淘汰。

婚礼甜品台展示

Writer || 缪蓓丽　　Photographer || 王 东

1. 花好月圆 ·············· 元素：中国风、中式婚礼、花卉 ·············· 色彩：红色、黄色、蓝色

ill 花好月圆

婚礼是汉传统文化的精粹之一，如今"追寻文化根源、重视传统民俗"成了现代人的新"时尚"。

在这一甜品台中融入了凤冠霞帔、花轿等传统婚礼的元素，并且加入了中式点心和"早生贵子"的果盘，渲染了大喜之日的氛围。这一甜品台的两个蛋糕结合新娘、花轿、刺绣等元素，另一个蛋糕则以红色和蓝色的马卡龙塔呈现，紧扣中国风这一主题。将糖霜饼干穿洞后做成吊坠的样式，悬挂在毛笔架上，用彩绘的技巧刻画出兰花、牡丹花、荷花等有美好寓意的花卉，富有新意。用翻糖制作的团扇装饰和棒棒糖蛋糕，分别配以牡丹花和传统的中式花纹进行点缀，展现了丰富的中国风元素。这一中式婚礼甜品台色彩鲜艳，中式点心的加入让人眼前一亮。从秤杆、花烛和"囍"字的装饰中能感受到设计者的用心，深受宾客们的喜爱。

2. 秋日蜜语 ·············· 元素：花卉、秋叶、丝带 ·············· 色彩：黄色、红色、白色

ill 秋日蜜语

以黄色为主色调的秋日婚礼甜品台充满了浪漫气息，尤其是芦苇和枫叶的点缀，营造出了秋日午后的温馨感。在器具方面，主要选用了白色的铁艺器具，衬托出鲜明的主体。同时，金色的装饰又为这一自然系甜品台增添了几分华丽感。

这一甜品台的主蛋糕是一个五层的裱花蛋糕，将翻糖花卉做成藤蔓的效果，贯穿整个蛋糕，利用清新的配色和繁茂的花朵营造出清新优雅的效果。另外两个副蛋糕分别以裱花蛋糕和马卡龙塔的形式呈现，借助器具的搭配，呈现出错落有致的效果。用枫叶和金色纸托装饰的杯子蛋糕酷似木桩一般，水果挞表面装饰了水果干和枫叶，富有自然气息。将棒棒糖蛋糕做成新郎礼服的样子，与糖霜饼干上绘制的新娘和高跟鞋相呼应。将缤纷的蛋白糖装入花瓶中，既是不错的装饰，又提升了甜品台的甜蜜度。这一甜品台的实用性比较高，更换色彩和装饰物就能呈现出完全不同的效果。

3. 怦然心动　·············　元素：花卉、水晶、蕾丝　·············　色彩：紫色、白色、绿色

｜·|∣ 怦然心动 |∣·｜

紫色系的婚礼，优雅中带着些许活泼，因此备受新人的喜爱。这一甜品台以紫色与白色作为主色调，搭配木质的器具，展现了自然、优雅的风格，并利用器具的搭配，呈现出高低错落的美感。

主蛋糕选用了简约的造型和设计，搭配翻糖花和琥珀糖作为装饰，其中用紫色琥珀糖呈现的紫水晶溶洞设计，象征着坚贞不渝的爱情，也为作品整体增添了几分神秘感。两个副蛋糕分别是裱花蛋糕和翻糖蛋糕。其中裱花蛋糕做成了花盒的造型，营造出婚礼的温馨感。翻糖蛋糕以白色为主，边缘用淡紫色勾勒，富有诗意。饼干塔和棒棒糖蛋糕均用裱花和紫色拉糖装饰，糖霜饼干表面绘制了婚纱、手捧花等与婚礼相关的元素，紧扣主题，展现了婚礼的甜蜜感。杯子蛋糕则选用了金色的蕾丝围边，优雅中带着些许华丽感，给宾客留下了深刻的印象。

4. 热情火烈鸟　·············　元素：火烈鸟、热带雨林　·············　色彩：白色、粉色、黄色

｜·|∣ 热情火烈鸟 |∣·｜

在这个用火烈鸟和热带雨林元素构建的自然系甜品台中，与其他华丽的风格不同的是，它构造了一个五彩斑斓的自然世界。这一甜品台的元素多样，郁郁葱葱的树木、绚丽多彩的花朵、象征热情的火烈鸟……所有元素谱写成一首欢快的热带舞曲，营造出生动而有趣的幸福氛围。

这一甜品台的产品多样，利用器具的搭配，使整体错落有致，内容丰富却又不显得杂乱。其中主蛋糕以较大的花朵点缀，使它在众多产品中成为焦点。副蛋糕的造型与主蛋糕相呼应，又展现了各自独特的个性。粉色的杯子蛋糕搭配形态各异的火烈鸟，富有生机。黄色甜品的点缀，宛如热带雨林中耀眼的阳光，穿过枝叶的缝隙，点亮整个空间。这一甜品台为婚礼增添了些许活泼和热烈的气氛，并且它也能让宾客们提前进入这一主题的情景中。

5. 梦幻世界 ·········· 元素：水晶、花卉 ·········· 色彩：蓝色、白色、金色

‖·|| 梦幻世界 ||·‖

这一甜品台以蓝色水晶为主要元素，闪耀的蓝色水晶，唯美又带着十足的浪漫气氛。这一设计不仅提升了婚礼的档次，对于新人来说，它还代表着美好的寓意，象征着如水晶般纯洁的爱情。

其中主蛋糕以翻糖花和琥珀糖的装饰为主，让人仿佛置身于水晶溶洞之中，聆听一段动人的爱情故事。两个副蛋糕也延续了浪漫的风格，分别将翻糖和裱花的工艺与蓝色水晶元素相结合，相辅相成，成为婚礼的一大亮点。在有金色围边的纸杯蛋糕中，以蓝色水晶和花朵装饰，并将棒棒糖做成心形，插在装满琥珀糖和珍珠的容器中，使整体呈现出童话般的浪漫氛围。将水晶洞嵌进蛋糕中，造型唯美简约，深受年轻人的喜爱。同时，以水晶洞为主题的甜品台可以运用在大部分的婚礼中，更换色调即可与相应的婚礼主题进行搭配，并且会带有其独特的美好寓意。

6. 欧式奢华 ·········· 元素：欧式、简约 ·········· 色彩：白色、金色、粉色

‖·|| 欧式奢华 ||·‖

欧式风格的甜品台总离不开华丽、繁复等关键词，但这一欧式风格的甜品台运用简约的设计，以白色为主，金色作为点缀，辅以翻糖花提升精致度，使整体依然保持着欧式风格的优雅。

在这一甜品台中，主蛋糕中以白色为主，搭配金色的复古花纹装饰，蛋糕中间以罗马柱作为支撑，顶部以翻糖人偶装饰，营造出甜蜜浪漫的婚礼氛围。两个副蛋糕也进行了创新的设计，一个副蛋糕做成马卡龙塔的造型，另一个做成礼物盒的样式，均用彩带进行装饰，使整体融入了活泼而动感的细节，充满趣味性。虽然这一甜品台设计简约，但除了设计之外，也需要大量的时间来对细节进行精雕细琢，使其细致程度与精彩程度成绝对的正比。作品完成时获得的成就感也是无与伦比的，而宾客们也会被这一作品的精妙设计所吸引，发出赞叹。

6. 童趣

·················· 元素：豹子、万圣节 ·················· 色彩：橙色、黄色、白色

童趣

婚礼正值万圣节前后，设计师将万圣节的元素融入甜品台中，并以卡通形象诠释这一主题，充满趣味性，给到场的每一位宾客留下了深刻的印象。

在这一甜品台中，设计师以卡通豹子为主角，在主蛋糕上创作了一个立体的豹子形象，欢迎宾客的到来。另外，设计师还利用翻糖制作了豹子夫妻和豹子宝宝的形象，并制作了类似的糖霜饼干，甜蜜温馨，又带着美好的婚礼祝福。棒棒糖蛋糕表面运用了豹纹元素，并将糖果做成豹子的形象，与主题相呼应。在蛋白糖表面画出万圣节的经典表情，为整体增添了几分万圣节的气氛，可爱又有趣。与万圣节元素融合的形式无疑是一次大胆创新的尝试，将细节处理得恰到好处，在突显婚礼甜蜜主题的同时，也能感受到这一对新人充满童心的一面。

VARIOUS WEDDING DESSERT DISPLAY

Illustrater || 周小馋

红色之心

Maker || 和泉光一   Photographer || 刘力畅

口味描述：

你的回眸一笑如同一股暖流缓缓淌过心间，每每回忆起那个甜蜜的时刻，都让人心动不已。

达克瓦兹饼底

配方：

细砂糖	33 克
干燥蛋白	19 克
蛋白	509 克
杏仁粉	205 克
椰子粉	200 克
糖粉	405 克
青柠	1 个

准备：

1. 将干燥蛋白和细砂糖混合，搅拌均匀，备用。

2. 用刨皮器刨出青柠皮屑，备用。

3. 将杏仁粉、椰子粉和糖粉混合过筛，备用。

制作过程：

1. 将细砂糖、干燥蛋白和蛋白倒入搅拌桶中，先低速混合，搅拌至细砂糖化开，再用中高速搅打至干性发泡。

2. 将"步骤 1"倒入盆中，加入青柠皮屑，搅拌均匀。

3. 将过筛的粉类加入"步骤 2"中，一边加入一边搅拌，用橡皮刮刀翻拌至整体有光泽。

4. 将"步骤 3"倒入烤盘中，用抹刀抹平表面，再在表面筛上一层糖粉（用量外），放入烤箱，以上下火 170℃烘烤约 15 分钟，打开风门，排气。

5. 取出饼底，冷却，分别用大、小心形压模压出形状，备用。

小贴士：

1. 达克瓦兹饼底表面筛糖粉的目的：一是在达克瓦兹饼底表面起保护作用，使其在烘烤过程中不易裂开；二是在其表面形成一层松脆的外壳。

2. 若不想让饼底太甜，又想使蛋白稳定，可以减少糖粉，增加干燥蛋白即可。

3. 加入干燥蛋白后的蛋白霜质地非常细腻、柔软。

1-1　1-2　2　3　4-1　4-2　5

SWEET MEMORY

糖煮香蕉覆盆子

配方：

冷冻整颗覆盆子	65 克
蜂蜜	6 克
覆盆子果蓉	6 克
水	86 克
细砂糖	51 克
NH 果胶	2 克
柠檬	1/2 个
香蕉	32 克

准备：

1. 将香蕉去皮，切片，备用。

2. 用刨皮器刨出柠檬皮屑，备用。

3. 将 NH 果胶和细砂糖混合，搅拌均匀，备用。

制作过程：

1. 将冷冻整颗覆盆子、蜂蜜、覆盆子果蓉、水、香蕉片放入锅中，加热至 50℃，边加热，边用橡皮刮刀将覆盆子碾碎，保持其颗粒感。

2. 将 NH 果胶与细砂糖的混合物倒入"步骤 1"中，搅拌均匀，加入柠檬皮屑，加热至沸腾后，转小火，继续加热 2 分钟。

3. 将"步骤 2"倒入量杯中，用均质机稍微搅打一下，备用。

1　2-1　2-2　3

马斯卡彭草莓香蕉

配方：

草莓果蓉	61 克
香蕉果蓉	61 克
全蛋	46 克
蛋黄	36 克
细砂糖	30 克
吉利丁片	3 克
冷水	18 克
无盐黄油	30 克
马斯卡彭奶酪	16 克

准备：

1. 将吉利丁片用冷水浸泡变软，备用。

2. 将无盐黄油室温软化，备用。

制作过程：

1. 将草莓果蓉和香蕉果蓉倒入锅中，加热至50℃。

2. 将全蛋、蛋黄和细砂糖放入盆中，用打蛋器搅拌均匀。

3. 将"步骤1"倒入"步骤2"中，用打蛋器搅拌均匀。

4. 将"步骤3"回倒入锅中，加热至82℃。离火，加入浸泡好的吉利丁片，搅拌均匀。

5. 将"步骤4"过筛入量杯中，加入软化好的无盐黄油和马斯卡彭奶酪，用均质机搅打，使其充分乳化。

粉色慕斯

配方：

牛奶	40 克
吉利丁片	8 克
冷水	48 克
嘉利宝粉色巧克力	225 克
覆盆子果蓉	100 克
香蕉果蓉	58 克
青柠果蓉	20 克
青柠	1/2 个
35% 淡奶油	350 克

准备：

1. 将吉利丁片用冷水浸泡变软，备用。

2. 用刨皮器刨出柠檬皮屑，备用。

制作过程：

1. 将35% 淡奶油搅打至七分发，放入冷藏中，备用。

2. 先将牛奶倒入锅中，煮沸，再关火，加入浸泡好的吉利丁片，搅拌均匀。

3. 将"步骤2"倒入嘉利宝粉色巧克力中，用均质机搅拌至充分乳化，将其倒入盆中，备用。

4. 在"步骤3"中依次加入覆盆子果蓉和香蕉果蓉，搅拌均匀。

5. 再加入青柠果蓉和青柠皮屑，搅拌均匀。

6. 分两次将打发好的淡奶油倒入"步骤5"中，用橡皮刮刀以翻拌的手法拌匀。

7. 将制作好的粉色慕斯装入裱花袋中，备用。

小贴士：

1. 香蕉与草莓的口味非常搭，但是和覆盆子不搭，因此在配方中加入青柠果蓉，可以平衡口感，使整体达到更好的效果。

2. 若买不到嘉利宝粉色巧克力，可以用与配方同等重量的白巧克力加入适量红色色素代替使用。

      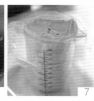

巧克力配件

配方：

白巧克力	100 克	红色可可脂	80 克

制作过程：

1. 将白巧克力隔热水化开，再加入红色可可脂，搅拌均匀，进行调温。

2. 将"步骤1"倒入两片胶片纸之间，用擀面杖擀平。

3. 待"步骤2"稍微凝固后，分别用心型压模和不同尺寸的圆形压模压出形状，冷藏，备用。

4. 重复"步骤2"的动作，稍微凝固后，将其切成菱形，冷藏，备用。

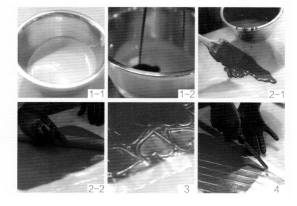

白巧克力淋面

配方：

白巧克力	450 克
白巧脆面淋酱	320 克
葡萄糖浆	45 克
细砂糖	150 克
水	180 克
吉利丁片	25 克
冷水	150 克
牛奶	350 克

准备：

1. 将吉利丁片用冷水浸泡变软，备用。

2. 将白巧克力和白巧脆面淋酱混合，倒入量杯中，备用。

制作过程：

1. 将水、牛奶、葡萄糖浆、细砂糖放入锅中，煮沸。

2. 离火，加入浸泡好的吉利丁片，搅拌均匀。将混合物过筛装入有白巧克力和白巧脆面淋酱的量杯中，用均质机搅拌，使其充分乳化，贴面覆上保鲜膜，常温放置备用。

小贴士：

1. 本配方中的白巧脆面淋酱给淋面起到保湿作用，比全部用巧克力做的淋面延展性更好。

HEARTBEAT OF LOVE

组装

配方：

红色色素	适量
白色色素	适量
新鲜草莓	适量
覆盆子	适量
红醋栗	适量
镜面果胶	适量

准备：

1. 将新鲜草莓洗净，去蒂，切成块状，备用。

2. 将覆盆子洗净，对半切开，备用。

制作过程：

1. 将制作好的糖煮香蕉覆盆子立刻倒入两个小的心型硅胶模（HBO160）中，冷冻成型。

2. 取出"步骤1"，倒入马斯卡彭草莓香蕉，摇晃模具，使表面平整。

3. 取出用小的心型模具压好的达克瓦兹饼底，放入"步骤2"中，用手轻压，冷冻成型。

4. 另取心型硅胶模具（HBO190），注入粉色慕斯至模具至七分满。

5. 取出"步骤3"，将达克瓦兹饼底朝上，放入"步骤4"中，稍微按压。

6. 再将粉色慕斯注入"步骤5"中，表面用抹刀抹平。

7. 取出用大的心型模具压出的达克瓦兹饼底，正面朝上，放在"步骤6"中，用手轻压，冷冻成型。

8. 将2/3白巧克力淋面倒入量杯中，加入适量红色色素，用均质机搅拌均匀，制成粉色淋面。在剩余的白巧克力淋面中加入适量白色色素，用均质机搅拌均匀，制成白色淋面。再将一部分白色淋面倒入粉色淋面中。取出"步骤7"，脱模，放置在淋面架上进行淋面，在其表面放上适量巧克力配件、新鲜草莓、覆盆子和红醋栗，最后在水果表面刷一层镜面果胶即可。

小贴士：

1. 在淋面过程中，要保证两种颜色的淋面温度为20℃。

2. 白色淋面倒入粉色淋面中的位置不同，淋出来的效果也不同。

栗子巧克力

Maker ‖ 上豆公王　　**Photographer** ‖ 刘力畅

口味描述：

将浓浓的爱意藏于心间，如同栗子将秋日的温情包裹在坚硬的外壳下，当它绽放的霎那犹如巧克力划过舌回味无穷。

巧克力壳

配方：

黑巧克力	500 克

准备：

1. 用巧克力播种法调温：先将一部分黑巧克力加热到 50℃，再加入剩余的巧克力，边搅拌边将其降温至 27℃，最后用热风枪将其加热至 31℃ 即可。

制作过程：

1. 将调温后的黑巧克力倒入心形模具中，用铲刀将模具四周和底部铲平，静置约 1 分钟，再将模具倒扣，倒出模具中多余的黑巧克力，最后用铲刀将模具表面刮干净，室温放置，使其结晶，备用。

黑加仑甘纳许

配方：

黑加仑果蓉	100 克
幼砂糖	10 克
淡奶油	70 克
转化糖	15 克
考维曲巧克力	216 克
黄油	18 克

制作过程：

1. 将黑加仑果蓉和幼砂糖放入锅中，边加热边用橡皮刮刀搅拌，加热至沸腾。

2. 将转化糖和淡奶油加入"步骤 1"中，搅拌均匀。

3. 将"步骤 2"冲入考维曲巧克力中，稍微静置后，用均质机搅拌均匀。

4. 加入黄油，搅拌均匀，再将其装入裱花袋即可。

栗子甘纳许

配方：

栗子酱	134 克
和栗酱	265 克
黄油	80 克
转化糖	12 克
考维曲巧克力	118 克

准备：

1. 将考维曲巧克力隔温水加热至化开，备用。

制作过程：

1. 将和栗酱、黄油、转化糖和栗子酱倒入打蛋桶中，搅拌均匀。

2. 将化开的考维曲巧克力加入"步骤 1"中，稍微静置，再用均质机搅拌均匀，制成栗子甘纳许。

3. 将栗子甘纳许装入带有圆花嘴的裱花袋中。

CHESTNUT CHOCOLATE

组装

配方：

黑巧克力	适量

制作过程：

1. 将栗子甘纳许挤在巧克力壳内至五分满，再挤入黑加仑甘纳许至九分满，冷藏结晶。

2. 取出模具，在表面涂抹一层调好温的黑巧克力，震一震消除气泡，在表面覆盖一张胶片纸，使用铲刀用力地沿着一端刮至另外一端，直至表面光滑，放入冰箱中，冷藏 10 分钟。待其结晶后，取出模具，左右扭动模具，将模具倒扣，取出巧克力即可。

玫瑰覆盆子圣托诺雷

Maker || Christophe Morel　　**Photographer** || 刘力畅

口味描述：

奶油和蛋糕结婚了，便有了奶油蛋糕。面包从此失恋了，只能将对奶油的爱深深地埋在心底，于是有了泡芙。

布列塔尼油酥饼底

配方：

蛋黄	112.5 克
幼砂糖	185 克
低筋面粉	312.5 克
泡打粉	10 克
盐	1 克
黄油	225 克

准备：

1. 将低筋面粉过筛，备用。

制作过程：

1. 将过筛的低筋面粉、泡打粉、幼砂糖、盐、黄油放入搅拌桶中，用网状搅拌器搅拌至颗粒状。

2. 加入蛋黄，搅拌至面糊成团即可，不要过度搅拌。

3. 取出面团，放在油纸上，用手稍稍拍扁，折叠几下，再在表面覆盖另一张油纸，用擀面杖将其擀压至 8 毫米厚。

4. 用圆形模具压出形状，将模具连着油纸一起放到烤盘上。

5. 放入风炉，以 170℃烘烤 12 分钟~15 分钟，出炉后立刻脱模，放置备用。

泡芙脆面

配方：

黄油	150 克
赤砂糖	150 克
低筋面粉	180 克
香草精	适量
红色食用色粉	适量

制作过程：

1. 将所有材料（除红色食用色粉外）放入搅拌桶中，用扇形搅拌器搅拌成团，加入适量红色食用色粉，搅拌均匀。

2. 取出面团，放在油纸上，再盖上另一张油纸，用擀面杖将其擀压至 2 毫米~3 毫米厚，放入冰箱冷藏。

3. 取出冷藏好的泡芙脆面，用与泡芙大小一致的圈模压出，备用。

泡芙面糊

配方：

牛奶	125 克
水	125 克
黄油	125 克
幼砂糖	5 克
盐	5 克
全蛋	250 克
中筋面粉	162.5 克

准备：

1. 将中筋面粉过筛，备用。

制作过程：

1. 将牛奶、水、黄油、幼砂糖和盐倒入锅中加热，煮沸。

2. 加入过筛的中筋面粉，离火，用橡皮刮刀搅拌至无干粉状。

3. 再放回电磁炉上加热，边加热边搅拌，待锅底形成一层薄膜时，离火。

4. 将"步骤 3"倒入搅拌桶中，用网状搅拌器搅拌至面糊温度下降，分次加入全蛋，混合均匀。

5. 将面糊装入带有圆形裱花嘴的裱花袋中，在垫着油纸的烤盘上挤出若干个圆形面糊。

6. 取出泡芙脆面，放在泡芙面糊上，放入风炉，以 175℃烘烤 40 分钟。

小贴士：

1. 制作泡芙面糊的过程中，搅拌时要保持面糊温热，可以用火枪在桶壁周围均匀加热。

玫瑰覆盆子甘纳许

配方：

淡奶油 A	25 克
覆盆子果蓉	75 克
蜂蜜	6 克
28% 白巧克力	200 克
淡奶油 B	300 克
玫瑰水（食用香精）	7 克

制作过程：

1. 将淡奶油 A、覆盆子果蓉和蜂蜜倒入锅中加热，用橡皮刮刀搅拌均匀。

2. 待温度达到约 50℃时，将其倒入 28% 白巧克力中，用均质机搅拌至顺滑。

3. 加入淡奶油 B，继续用均质机搅拌均匀。

4. 加入玫瑰水（食用香精），用橡皮刮刀混合均匀，贴面覆上保鲜膜，冷藏，备用。

ROSE RASPBERRY SANTONORE

覆盆子奶油

配方：

覆盆子果蓉	250 克
幼砂糖	80 克
蛋黄	75 克
卡仕达粉	20 克
香草荚	1 根
28% 白巧克力	50 克
吉利丁片	8 克
冷水	48 克
柠檬汁	30 克
打发淡奶油	100 克

准备：

1. 将香草荚剖开，刮出香草籽，备用。

2. 用冷水将吉利丁片浸泡变软，备用。

制作过程：

1. 将覆盆子果蓉和香草籽放入锅中，加热至 80℃。

2. 在小盆中放入幼砂糖、卡仕达粉和蛋黄，用打蛋器搅拌均匀。

3. 将 1/2 "步骤 1" 加入 "步骤 2" 中，混合均匀后倒回锅中，与剩下的 "步骤 1" 搅拌均匀，继续小火加热至浓稠状。离火，加入浸泡好的吉利丁片和柠檬汁，用打蛋器搅拌均匀。

4. 加入 28% 白巧克力，用打蛋器搅拌至巧克力完全化开，倒入铺有保鲜膜的烤盘中，包上保鲜膜，放入冰箱，冷藏备用。

5. 从冰箱中取出，加入打发淡奶油，用橡皮刮刀以翻拌的手法搅拌均匀。

覆盆子酱

配方：

覆盆子果蓉	250 克
幼砂糖 A	125 克
葡萄糖浆	125 克
幼砂糖 B	50 克
黄色果胶粉	2.5 克
柠檬	1/4 个

准备：

1. 用压汁器压出柠檬汁，备用。

制作过程：

1. 将覆盆子果蓉、幼砂糖 A 和葡萄糖浆放入锅中，加热至 65℃。

2. 加入黄色果胶粉和幼砂糖 B，边加热边用打蛋器搅拌均匀，加热至沸腾。

3. 煮至浓稠状，离火，加入柠檬汁，用打蛋器搅拌均匀。

4. 将混合物倒入铺有保鲜膜的烤盘内，包上保鲜膜，放入冰箱，冷藏备用。

RASPBERRY CREAM

组装

配方：

新鲜覆盆子	适量
玫瑰花瓣	适量
葡萄糖浆	适量

制作过程：

1. 从冰箱中取出覆盆子酱，放入搅拌桶中，用扇形搅拌器将其打散，装入裱花袋中。

2. 取出泡芙，用小刀在泡芙底部戳一个小洞，挤入少量的覆盆子酱。

3. 将覆盆子奶油装入裱花袋中，挤入泡芙中，挤满。

4. 在蛋糕底托中心处挤入少量的葡萄糖浆，放上布列塔尼油酥饼底，使其粘合。

5. 将玫瑰覆盆子甘纳许装入带有锯齿形裱花嘴的裱花袋中，在饼底中心处放上 2 颗新鲜覆盆子，挤上适量的玫瑰覆盆子甘纳许，盖住覆盆子，沿着甘纳许表面放上 3 颗泡芙，在泡芙与泡芙之间，从底部向上挤出 3 条玫瑰覆盆子甘纳许，最后在顶部接口处再挤上一个曲奇形的玫瑰覆盆子甘纳许，遮挡接口。

6. 在顶部放上 1 片玫瑰花瓣作为装饰，再在花瓣上挤上几滴葡萄糖浆即可。

可妮兔

Maker ‖ 苏园　**Photographer** ‖ 刘力畅

口味描述：

轻吻不足以表达对你的爱恋，默默做一杯拉花咖啡递到面前，那份甜蜜不必言说。

配方：

意式浓缩咖啡	45 毫升
牛奶	适量
微打发淡奶油	适量
红色食用色素	适量
粉色食用色素	适量
巧克力酱	适量

准备：

1. 将微打发淡奶油分成三份，其中两份分别加入适量红色食用色素和适量粉色食用色素，搅拌均匀，备用。

制作过程：

1. 在杯子中萃取意式浓缩咖啡，接着倒入牛奶至杯子的八分满，再在表面覆盖一层粉色的微打发淡奶油，并用雕花针轻轻搅匀，把内部气泡清空。

2. 倒入牛奶至满杯。

3. 用勺子舀适量白色的微打发淡奶油铺在杯子中心偏右的位置，借助雕花针勾勒出兔子的形状。

4. 用粉色的微打发淡奶油画出兔子的细节部分。

5. 用红色的微打发淡奶油在兔子两侧画出"KISS ME"字样。

6. 用红色的微打发淡奶油绘制爱心图案。

7. 用红色的微打发淡奶油画出兔子的唇部。

8. 用巧克力酱勾勒兔子的轮廓和五官。

9. 最后用白色的微打发淡奶油和粉色的微打发淡奶油进行修饰。

小贴士：

1. 雕刻时需注意，手部需要有一个支撑点。

2. 每次画完一定要擦拭雕花针针头。

BUNNY CONY COFFEE

桃香柚子茶

Author || 北京安德鲁水果食品有限公司

蜂蜜柚子茶不仅味道清香可口，更含丰富的维生素 C，搭配粉嫩清甜的蜜桃，让寒冬多了一丝温暖。

ANDROS
安德鲁

蜜恋柚子颗粒果酱

桃饮料果酱

GRAPEFRUIT &
PEACH FRUIT TEA

配方：

安德鲁蜜恋柚子颗粒果酱	60 克
安德鲁桃饮料果酱	20 克
四季春茶汤	400 毫升
蜜桃片	1 片
迷迭香	1 枝

制作过程：

1. 将安德鲁蜜恋柚子颗粒果酱和安德鲁桃饮料果酱加入四季春茶汤中，搅拌均匀后出品。
2. 用蜜桃片、迷迭香装饰。

双莓之恋

Author || 北京安德鲁水果食品有限公司

配方：

安德鲁树莓颗粒果酱	45 克	橙皮丝	适量
安德鲁草莓颗粒果酱	15 克	柠檬皮丝	适量
随果乐经典糖浆	15 毫升	新鲜草莓	1/2 个
鲜柠檬汁	10 毫升	干柠檬片	1 片
四季春茶汤	350 毫升		

树莓颗粒果酱

草莓颗粒果酱

制作过程：

1. 在杯中加入橙皮丝和柠檬皮丝。

2. 在容器中依次加入安德鲁草莓颗粒果酱、安德鲁树莓颗粒果酱、随果乐经典糖浆、鲜柠檬汁和四季春茶汤，搅拌均匀后倒入杯中。

3. 用新鲜草莓和干柠檬片装饰后出品。

ANDROS
德鲁

饶是岁月多姿，
也不及我眼中身披红装的你。
任由万物衰变又复苏，
世界周而复始，经久不息，
爱的味道，
是我们在一起。

STRAWBERRY
& RASPBERRY
FRUIT TEA

荔枝火龙果拿铁

Author || 北京安德鲁水果食品有限公司

配方：

安德鲁荔枝玫瑰颗粒果酱	40 克
随果乐经典糖浆	10 毫升
新鲜火龙果	40 克
牛奶	200 毫升
乌龙茶	100 毫升
淡奶油或奶盖	适量
玫瑰花瓣	适量

制作过程：

1. 将新鲜火龙果在杯中捣碎。

2. 在杯中依次加入安德鲁荔枝玫瑰颗粒果酱、随果乐经典糖浆、牛奶和乌龙茶。

3. 轻轻搅拌后，加入淡奶油或奶盖作装饰，最后撒上玫瑰花瓣即可。

荔枝玫瑰颗粒果酱

LYCHEE & DRAGON FRUIT LATTE

霸气橙子

Author || 北京安德鲁水果食品有限公司

茉莉花茶与橙子的搭配，仿佛唤醒了冬日阳光，橙的 orange、黄的 lemon
与绿的 lime，超级维生素 C 水果的霸气组合，酸甜适中，让你瞬间活力满满！

配方：

安德鲁橙子速冻果溶	50 克
随果乐经典糖浆	30 毫升
茉莉绿茶	300 毫升
橙子片	2 片
干橙子片	1 片
迷迭香	1 枝

制作过程：

1. 在出品杯中依次加入安德鲁橙子速冻果溶、随果乐经典糖浆和茉莉绿茶。

2. 充分搅拌后，在杯中加入橙子片，最后用干橙子片和迷迭香装饰即可。

橙子速冻果溶

ORANGE FRUIT TEA

十年磨一剑，这个冠军对中国烘焙太重要了！

Writer || 缪蓓丽　Photographer || 刘力畅

第四届亚洲西点师竞技大赛

时间：2019 年 11 月 20 日—23 日

地点：韩国首尔

每年秋季都是中国烘焙行业收获满满的时节，当一封封捷报从世界各地传来，它让每一位烘焙人为之振奋。2019 年 11 月 22 日，王胜在第四届亚洲西点师竞技大赛（Top Of Patissier In Asia 2019）斩获冠军，并获得最佳巧克力雕塑作品奖和最佳糖艺作品奖两个单项奖。

这一季让人激动的不止这一场赛事，赵祥倍在日本东京蛋糕展（2019 Japan Cake Show Tokyo）中获得了小甜点部门铜奖，这是中国队参赛以来首次获得甜点部门的奖项。另外，由韩磊、顾碧清、王胜、赵凯组成的中国代表队在世界甜点、冰淇淋、巧克力冠军杯（FIPGC 2019）中也获得了总成绩银奖，以及最佳造型奖和最佳评论奖两个单项奖。

【行业发展下的赛事升级】

亚洲西点师竞技大赛的前身为亚洲 A3 西点大赛（下称"A3"），A3 是由中国焙烤食品糖制品工业协会、日本洋果子协会联合会、韩国焙烤食品协会共同主办的亚洲小范围的西点比赛。从 2008 年开始，成功举办三年后，于 2013 年升级为亚洲西点师竞技大赛，每两年一届，以现场竞技的方式选出亚洲最好的甜点师。这是迎合当下亚洲西点行业迅速发展而产生的专业赛事，并且已经发展成为亚洲众多国家共同参与的大型行业赛事。

亚洲西点师竞技大赛有四个赛项，分两天进行。第一天选手需要制作一份巧克力工艺造型和两种手工巧克力糖果；第二天需要制作一份糖艺工艺品造型和两份整形蛋糕。所有项目都要求在现场制作，这对于选手来说无疑是极大的挑战。以下是比赛的具体内容：

DAY 1		DAY 2	
模块 1	模块 2	模块 3	模块 4
制作一份巧克力工艺造型	两种手工巧克力糖果	制作一份糖艺工艺品造型	两份整形蛋糕
巧克力工艺造型尺寸应该控制在长 60 厘米、宽 40 厘米、高 120 厘米以内。 产品展示位的尺寸为长 60 厘米、宽 40 厘米。	两种手工巧克力糖果应当为一种手制糖果和一种模具糖果，两种糖果的单颗重量应是 8 克 ~15 克，每种糖果应制作 25 颗。 注：比赛制作的两种巧克力糖果要各选 10 颗作为巧克力造型的一部分进行展示，剩余的各 15 颗巧克力糖果需留作口味测试打分用。	糖艺工艺品尺寸应该控制在长 60 厘米、宽 40 厘米、高 120 厘米以内。产品展示位的尺寸为长 60 厘米、宽 40 厘米。	一份整形蛋糕用于品评打分，另一份整形蛋糕用于展示。每份整形蛋糕的重量须是 700 克 ~1000 克（含装饰），形状无限制。用于展示的整形蛋糕应和品评用的整形蛋糕采用相同的设计，仿制过程必须展示出来，必须按配方制作。另外，产品必须在室温下展示两天。
注：所有模块使用的原料必须为可食用的。			

【每一场比赛都是宝贵的学习经历】

本届亚洲西点师竞技大赛共有来自中国、日本、韩国、越南、马来西亚等国家和地区的选手参赛，为"亚洲最佳西点师"的荣誉展开激烈的争夺。其中每一位选手都经过了国内的层层选拔，都代表了各自国家在这一领域的最高水平。

在为期两天的比赛中，王胜与助手吕浩然配合默契，尽管助手不能参与作品的制作，但是可以协助选手完成一些整理和清洗的工作。尤其吕浩然有多次参加国际赛事的经历，他能适应比赛的节奏和流程，在比赛中成为王胜坚强的后盾。

经过一次次赛事的洗礼，王胜直言对西点有了更深的理解。事实上，国际赛事中的每一位选手几乎都代表了本国的最高水平，这无疑是一次无价的学习和交流机会。在上一届亚洲西点师竞技大赛的失利中，王胜认识到："在过去的训练中对自己太好了！"在最佳的温度和湿度下确实可以做出完美的作品，但是一旦赛场环境达不到这一要求时，无形中就增加了选手的压力。

THIS CHAMPION IS TOO IMPORTANT FOR CHINESE BAKING!

从诸多赛事中可以发现，参赛的选手可以分为以下两类：一类是规规矩矩的选手，遵循一个常规、平稳的口味，虽然这样做不会失分过多，却也难以获得高分。另一类是冒险型的选手，这类选手往往对自己的作品有较高的要求，希望呈现出的作品能让人眼前一亮，但是这类选手的成绩一般会有明显的两级分化。如果产品新颖、口味很好，那么无疑会获得很高的分数。但如果一味地追求新颖而忽略了口味，那么分数必然就不会很高了。

GAINED VALUABLE EXPERIENCE AFTER THE RACE

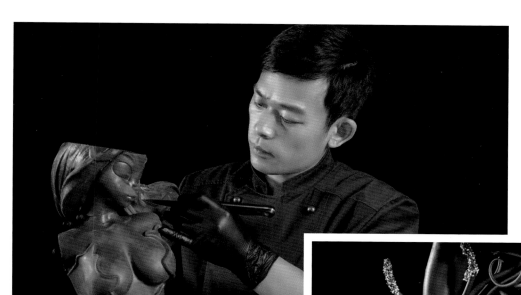

COEX FOOD WEEK 2019
Nov. 20 - Nov. 23, 2019 | Coex Halls A~D, Seoul, Korea

这一场赛事在 12 年间举办了 7 届，中国队无一缺席，却从未获得过冠军殊荣。本次获奖既是对参赛选手竞技水平的充分肯定，也给中国烘焙西点行业注入了一剂强心针。中国队在一次次的国际大赛中汲取经验，不断缩小与国际先进水平的差距，虽然久与最高荣誉无缘，但屡败屡战，功夫不负有心人，冠军梦想终于在本届大赛中得偿所愿。

REALIZED THE CHAMPION
DREAM IN THIS COMPETITION

中国队首次夺得烘焙世界杯冠军

Writer || 缪蓓丽   **Photographer** || 葛秋成

第十届烘焙世界杯

时间：2020 年 1 月 11 日—14 日

地点：法国巴黎

2020 年伊始，中国烘焙团队在法国烘焙世界杯现场获得了激动人心的成绩。巴黎当地时间 1 月 14 日上午 11 点，组委会公布了评分结果并举行了隆重的颁奖仪式，中国队荣获烘焙世界杯冠军，当中国国歌响起的那一刻，所有在场的每一位中国队成员都忍不住流下了喜悦的泪水。

这个冠军着实来之不易，即便近几年我们已经习惯中国队在多项世界赛事中夺冠的消息，但这个冠军的殊荣，依然值得我们兴奋，依然值得我们赞扬。在历届比赛中，中国烘焙行业数次组队参赛，屡有突破，但最好的成绩也不过是在第 9 届（2016 年）烘焙世界杯决赛中获得了第四名的成绩，从未能获得三甲。

烘焙世界杯由法国传奇面包师克里斯提恩·瓦勃烈先生（Mr. Christian Vabret）于 1992 年发起，前四届为每两年一届，从 2002 年第五届烘焙世界杯以后，改为每四年举办一届。经过将近 30 年的发展，这项比赛已经成为世界焙烤领域参与范围最广、赛制最严苛、评奖结果最具说服力的超级赛事。每一届赛事都会从 60 多个国家和地区的 6000 多名选手中层层选拔，最终只有 12 支队伍参加烘焙世界杯的决赛。能够在这项赛事中拿到冠军，几乎是每一位优秀烘焙人毕生孜孜以求的梦想。

在此前的烘焙世界杯中国区选拔赛中，于鹏、鲁胚枝和龚鑫三位选手脱颖而出，成为中国队的选手。并在 2019 年 11 月与第二届中国国际进口博览会同期举办的亚洲区选拔赛决赛中成功晋级，获得了本次烘焙世界杯决赛的入场券。

CHINESE WON THE BAKING WORLD CUP FOR THE FIRST TIME

本次晋级总决赛的选手分别来自中国、法国、日本、韩国、美国、哥斯达黎加、荷兰、丹麦、埃及、摩洛哥和科特迪瓦这些国家和地区，经过 3 天 72 小时创意与实力的较量，也是选手对美味、艺术与技术的终极考验，中国队的选手从中脱颖而出，登上了烘焙界技术的顶峰，也创造了中国烘焙行业的新纪录。

本届比赛以"国家音乐"为主题，除了常规的"法式长棍 & 欧式特色面包"、"羊角、丹麦 & 花式甜面包"和"艺术面包"比赛项目之外，还增加了"三明治系列"比赛项目以及神秘的抽签产品。随着比赛项目的增加，对参赛选手的技术熟练度、时间把控力都提出了更高的要求。

BAKING IS LIKE A SWEET JOURNEY

在艺术面包的主题创意上，龚鑫使用了中国传统古典乐器琵琶、唢呐、击鼓等元素来展现这一主题。在整体结构上，他运用了功夫熊猫的姿态，瑞气祥云围绕，并巧妙地进行了整合，为最终的艺术造型增添了几分仙气和灵性。熊猫作为中国的国宝，一直以来都是中国与不同国家和地区建交的友好和平形象大使。龚鑫通过"和平大使音乐熊猫"传达了他对于烘焙事业的热爱，对艺术的极致追求，以及对自身专业技能的严格要求。

于鹏负责法式长棍 & 欧式面包的制作，他运用了冷冻面团的工艺制作，在他的作品里充满了对生活中人与食物的爱意，也抒发了旅行中的思乡之情，更有传达中国烘焙文化的专业精神，就像他曾经说过："烘焙就像一场关于甜蜜的旅行，年轻让我有更多时间去享受旅行的快乐。"

鲁胚枝负责羊角、丹麦 & 花式甜面包的制作，他在馅料中运用了红枣、山楂、米酒等食材，制作出了具有中国特色的甜面包。从他的作品中能够看到他浓浓的思乡情，小时候第一次看胶片电影的美好场景，老家深秋时节山上枣树和山楂树树叶红遍满山的美景，这些场景在他的制作过程中一幕幕浮现在眼前感叹家乡地理环境导致水资源贫乏，并希望通过自己的烘焙作品来呼吁大家珍爱水资源、珍爱地球。

曾获得过两届冠军的日本队以一只欢快的音乐青蛙形象出现，让人眼前一亮。韩国队是上一届烘焙世界杯总决赛的冠军，实力不容小觑，其作品与亚洲选拔赛时的作品部分相似，但整体上做了改动和升级，作品衔接也做了升级，每一个角度都有亮点，感觉进行了一场"k-pop"的演唱会。

经过一次次国际赛事的洗礼，中国焙烤行业又一次站在了行业巅峰，中国健儿又一次将金牌收入囊中。当今世界面包技术的制作工艺在不断地突破，创新向前！在烘焙道路上，我们从未停止对烘焙更高技术领域的追求，我们一直不断地在比赛交流中历练成长，积累更多的经验，为中国烘焙在世界舞台上争夺荣誉！

PURSUE BETTER BAKING TECHNIQUES

2019 4TH NORTH AMERICA GOLDEN BEAN: COMMENTS FROM JUDGES
2019 第四届北美"金豆杯"烘焙大赛之评委有话说

Author ‖ Cafe Culture 啡言食语

【评委：老谭】

"如果你爱咖啡！太好了！这意味着你可以走遍全世界！"

离开北京去美国之前，我还曾经和朋友开玩笑："去美国当评委，英文不好怎么办？到时候无法和其他评委顺畅地交流。"作为一名中国烘焙师，我们喜欢的烘焙方式以及对咖啡豆的处理风格，与北美地区的烘焙师们差异大吗？后来的经历证明，有了咖啡，一切担心都是多余的！咖啡，可能是最通用的语言，至少比英文厉害多了，没有什么是一杯咖啡解决不了的，如果还是有障碍，就接着喝吧！

◆ "金豆杯"是什么

"金豆杯"（The Golden Bean），起源于澳大利亚的一项咖啡烘焙赛事。"金豆杯"的创始人是 Sean Edwards，同时他也是 Cafe Culture International 的执行总裁。"金豆杯"是目前世界上规模最大的咖啡烘焙赛事和咖啡会议之一。自 2007 年起在澳大利亚成功举办后，2015 年又在北美地区成功举办，包括为期四天的评委会和行业专家演讲，以及每天晚上的行业联谊活动，为烘焙师们创造了一个相互沟通、在咖啡行业内结成强大联盟的宝贵机会。这次我和另外一名来自中国的评委云飞，一起出席了第四届"金豆杯"北美烘焙大赛。

◆ "金豆杯"比什么

与平时接触、了解得相对更多的 COE、BOP 和云南生豆大赛不一样，"金豆杯"不是一项生豆竞赛，它比的是各自真实售卖的商品熟豆！虽然这是一项烘焙赛事，着眼点却不是让大家烘焙同一支豆子，再由几名评委进行评测，而是让咖啡企业提交他们自己烘焙的作品，且要求这些作品赛前、赛后都在门店有售，由 150 名以上的评委进行盲品评测。以本次比赛为例，这 150 名评委也是"金豆杯"的与会者，主要由来自北美各地的咖啡烘焙师、行业专家、设备商代表、生豆机构代表以及其他咖啡从业者组成，其中有很多咖啡烘豆师同时也是参赛的烘焙师。

◆ "金豆杯"怎么比

"金豆杯"的赛制设计非常考究，在奖项设置上，根据制作的不同方式细分为意式浓缩咖啡（Espresso）、牛奶咖啡（Milk Based）、滴滤纯咖啡（Pour Over Filter）、有机浓缩咖啡（Organic Espresso）、单一产地浓缩

咖啡（Single Origin Espresso）等 11 个不同的奖项。在比赛内容上，"金豆杯"比的是盲品的咖啡，根据相应的出品方式呈送给每一位评委，来自北美各地超强的咖啡师团队，三天内连续出品数千杯咖啡，赛会现场完全是一个巨大无比的咖啡店！

至于评分制度，"金豆杯"有自己的评分表，分为牛奶咖啡、滴滤咖啡和浓缩咖啡三大类。在比赛第一天的早晨，由资深的咖啡专家（即主评审）与评委们进行感官矫正，统一评分标准。赛前先将评委按 8 人到 10 人一张圆桌进行分组，在比赛进行过程中，每一组评委会有一名资深评委坐镇，应对有疑虑的评分。无论是评委们分差过大，还是某些咖啡得分过低或者过高，都会由主评审再次确认。

◆ "金豆杯"如何评分

第一天早上签到以后，先进行感官矫正，在这之前一定要吃早饭。然后你按照自己的直观感受来打分就可以了，一般来说，绝大多数评委的分数相差不大。以滴滤咖啡（即黑咖啡）为例，在酸度、甜度、平衡、醇厚度几个维度上，0 分到 4 分仅仅是可接受，5 分是平均水准，6 分是还不错，8 分一定是你感觉相当好的咖啡。

在每一张评委圆桌上，会有不同颜色的标签，代表着浓缩咖啡、牛奶咖啡和滴滤咖啡，选择你想喝的那种咖啡，坐在对应的桌子上，咖啡师会呈送相应的样品上来。第一天上午，我随机坐在了牛奶咖啡组，喝得饱饱的，也客观地反映出大家烘焙的浓缩咖啡豆都很不错。喝饱了牛奶咖啡，下午换去滴滤组，感觉咖啡人生超级美好。

在比赛过程中，你将会和你身边的评委一起评测同一支咖啡，由于评委的座位不是固定的，所以你可以了解一下与会的评委们都是做什么的，有没有固定的搭档。比如第二天我和来自加利福尼亚州的烘焙师们坐在一张桌子上，身边正巧是一个独立烘焙企业的创业者，相谈甚欢！

◆ 除了比赛，还有什么？咖啡师的派对

"金豆杯"真是一个咖啡师的派对，每天晚上都会安排一个鸡尾酒会或者一个电音小聚会。白天大家围坐在一张桌子边，评测、探讨、争论，

晚上大家进一步互相认识、熟悉、谈天说地，结果往往对话不超过三句又开始聊咖啡。

这次遇到不少来自南美产区的咖啡师，好奇的我总是免不了问这问那。比如来自哥伦比亚、危地马拉、尼加拉瓜、秘鲁的咖啡师们，中国对他们来说是遥远而陌生的，中国咖啡对他们来说更是云里雾里。而他们的家乡对于我们来说，何尝不是神秘而有趣的呢！尤其是南美产区，平时我们直接接触得就少，这可是一次了解它的好机会。

◆ 生豆地带产区杯测

咖啡活动少不了优质的产区豆，除了评审和杯测，主办方还设置了专门的生豆展，召集特色产区的代表带来的样品，在比赛间隙和整个赛事的最后，人们都可以参与他们的推介活动，品尝各种咖啡。

◆ 主题讲演

在赛会进行过程中，每一天都设有主旨讲演时段，由行业资深专家带来不同领域的话题，这是非常有价值的，可惜没能完全听懂。在本届比赛现场，有来自包装材料厂商的商业新技术、来自迈赫迪等设备商的硬件新技术、云南咖啡项目、尼加拉瓜咖啡项目等原产地计划、来自美国等市场专家的咖啡品牌经营拓展等一系列非常精彩的演讲。

◆ Cosplay 颁奖晚宴

每年"金豆杯"的颁奖晚宴，都是咖啡师争奇斗艳的机会，按照传统是每年一个主题，大家都会打扮得很花哨。去年的主题是"权力的游戏"，今年是"西部"，所以当晚让人感觉像是走进了牛仔大赛的现场！

◆ 后记

转眼之间，时光匆匆流逝，热闹的场景还历历在目。记忆中空气里弥漫着咖啡特有的香气，人们以咖啡连接彼此，用美好的味觉锁定情感，跨越山海，在这陌生国度，也许只有咖啡才是无障碍的，只有咖啡才是这世界的语言。

【评委：Crystal 云飞】

"越到最后，鬷能品出这个赛事的滋味。"

早就听说过起源自澳大利亚的"金豆杯"烘焙大赛，知道这一赛事拥有十几年的历史，曾大力推动了澳大利亚咖啡行业的发展，也是世界上最大的咖啡烘焙赛事之一。中国咖啡师熟悉的来自澳大利亚的世界咖啡师比赛冠军 Sasa Sestic，最初就是在这个比赛中崭露头角的！当我听说可以品尝到超过 150 位来自北美地区的烘焙师的 1000 多个作品，以及与来自北美地区及世界各地超过 100 名咖啡评委共同评选交流，便下定决心一定要把北美咖啡"一网打尽"！同时我也很好奇，这么多豆子和评委比赛的形式到底是怎样的？

本届"金豆杯"选在美国著名的乡村音乐圣地纳什维尔（Nashville），位于田纳西州的纳什维尔是美国医疗、音乐及出版重地，因其云集众位乡村音乐高手，拥有享誉世界的乡村音乐氛围，早就成为音乐爱好者的朝圣之地。当年 14 岁的泰勒·斯威夫特（Taylor Swift）初展音乐才华，为了支持她的发展，她的父亲决定举家迁入纳什维尔。带着对"金豆杯"的无限遐想，我推开了会场的大门，却被眼前的景象惊住了……一屋子"大胡子"围着圆桌而坐，足足坐满十几桌。一些头发鲜艳、纹身头巾各异的人端着托盘穿梭在人群中，大家都轻声交流着，场面看起来有点混乱，但感觉每个人都知道自己在干什么。只有我，不知所措！抵达

赛场时，很可惜我已经错过了比赛介绍和评委矫正环节，一位主评审模样的人走过来简单地询问了一下我的工作经历，在简要地交代了评分规则后，说了一句话就走开了："作为咖啡品质鉴定师，你知道应该做什么！"紧接着，一位彩色头发的女生端着托盘走过来说："你准备好了吗？"我回答道："我想应该是吧！"于是她放下两杯咖啡和两张评分表也走了……

与其他烘焙比赛使用的杯测的方法品评不同，所有选手按分组提交烘焙好的咖啡样品，每份500克，不限作品数量。每组都会评选出一枚金牌，一枚到两枚银牌，若干枚铜牌！

与想象中评委严肃的工作场景不同，这个大房间简直就是一个咖啡师的大聚会，两人一组、圆桌、不限时的评分、还可以进行讨论，有问题随时与主评审沟通，他们可都是经验非常丰富的资深咖啡师，感官的矫正，认知的提升，就在这个过程中自然地实现了。

在这一场比赛中，烘焙师可以提交任何咖啡豆，任何烘焙程度，任何一个组别的样品，只要他觉得这是他最喜欢的咖啡。可以想象，这样的赛事、这样的切磋机会、这样的咖啡师的聚会，会对烘焙师们有多大的帮助，这才是这个比赛的真正意义所在！

这次大赛一共收集到 11 个组别 1288 份样品，水平也是参差不齐。有些咖啡一口都喝不下去，我给出的最低分为 12 分。有些咖啡甘醇甜美，风味突出，我给出的最高分为 33 分。分数很低的咖啡需要写出最多的评语，这将是给烘焙师最好的反馈和学习的机会。

跟一群北美人一起品鉴咖啡真是非常有趣的经历，我曾说："对美国人来说，任何事情，开一个派对就解决了，如果解决不了，那就再开一个派对！"毫无例外的，这样一个工作任务繁重，态度严谨专业的评分场合，在北美地区就是一场烘焙派对。交朋友、发现生意伙伴、交流咖啡、学习新的技能，都在这一场热烈友好的派对氛围中进行着。为牛奶咖啡评分的时候，不断听到有人说："这杯咖啡居然有蓝莓麦芬的味道！""你应该试试这杯，尝起来和我母亲做的苹果派味道像极了！""这简直就是一杯化开了的草莓冰激凌！"这样的描述一点都不夸张，因为这次的牛奶供应商是HOOD，比赛中使用了他们即将推出的专为牛奶咖啡研发的一款产品，入口非常甜，风味浓郁，并且有很高的脂肪含量。评委们要透过这样的牛奶喝到咖啡的本质还真是不太容易！

坐在那里连着喝三天确实是一件很辛苦的事，好在评分过程中不时穿插着不同的演讲，印象比较深刻的有：咖啡公社的创始人，来自德国但生活在中国的 Eric 介绍的中国云南咖啡；曾任 Intelligentsia Coffee 零售业务副主席，现任迈赫迪 MAHLKONIG 美国公司市场品牌总监的 Marcus Boni 介绍的迈赫迪新技术；波特兰资深咖啡师 Jen Hurd 演讲如何建立成功的咖啡豆批发业务；来自尼加拉瓜 Gold Mountain 生豆公司创始人 Ben Weiner 对自己可持续发展种植思路的介绍等。

纳什维尔的餐厅、咖啡馆、酒吧、冰激凌店林立，到处都有现场音乐演出和背着乐器的行人，热闹非凡的街头挤满了狂欢的人群，其中不乏身着牛仔服饰，展现乡村风格的人们。有人告诉我："纳什维尔的每一个厨师、吧员和咖啡师都有可能是极具潜力的音乐人。"这里真不愧是音乐圣地，是无以伦比的追逐梦想、享受生活的地方。

经过三天的品评，1288 支咖啡都得到了评委们最真诚的品鉴。颁奖之夜，我们尽情地沉浸在这个奖励烘焙师的乡村牛仔狂欢派对中，因为这里是纳什维尔！

祝贺每一位获奖的烘焙师，虽然你们通常藏在后场，很少抛头露面，但你们才是那个揭示出咖啡豆中蕴含的神秘风味的重要人物，你们才是一个咖啡烘焙公司最重要的灵魂！

【 评委：Eric Baden 】

"金豆杯"北美烘焙大赛是世界上最大的咖啡烘焙比赛之一，今年有 1288 支咖啡参赛，超过 100 名评委，其中大多数是烘焙师。我们在三天内对这些咖啡进行了品鉴和分级，并撰写了一份评估报告，旨在为烘焙师提供帮助，让烘焙师知道可以采取哪些措施来进一步改善咖啡的品质。

经过早晨校准之后，由经验丰富的咖啡师团队在机房内精心挑选并准备咖啡。评委们分组对咖啡进行评估，以确保每杯咖啡都能得到公正的评估。若有一组评委在咖啡的评分上相距甚远，或对咖啡的评分非常低或非常高时，都会请经验丰富的资深评委确认分数，在必要时，还会让另一组评委重新评估咖啡。

经过十余年的发展和完善，这种透明、专业和公正的评估流程确保了每位参加比赛的烘焙师都能获得公正的分数，并使参加比赛的每杯咖啡都能获得建设性的反馈。同时由于评估过程公正、稳健，并且"金豆杯"的评判过程以其完整性和专业性而闻名。因此，为参赛的咖啡颁发金、银、铜牌，不仅是对烘焙成就的客观认可，而且在商业上，也是有价值的质量认可标志。

"金豆杯"为改善北美地区、澳大利亚和新西兰的咖啡烘焙质量做出了重大贡献，我个人认为，中国的咖啡烘焙和咖啡消费者将从这场专业比赛中受益匪浅，同时这场比赛促进了高透明度和共享性的行业发展态度。

我很高兴成为中国"金豆杯"委员会的创始成员之一，该委员会正在为 2020 年初举行的第一届中国"金豆杯"咖啡烘焙比赛做准备！敬请期待！

官网：https://www.goldenbean.com/

盘点空气喷枪在西点中的相关应用

Writer || 霍辉燕   Photographer || 王 东

用理论指导实践，在实践中求真知。上期介绍了空气喷枪的相关理论，最终将其付诸西点的制作中去，帮助大家进一步加深对空气喷枪的理解与运用。本文主要从喷枪使用的练习、喷枪中使用时遇到的问题及解决方法、西点中所涉及到空气喷枪的使用等方面来做进一步的解析。

喷枪使用的练习

■ 运用喷枪喷涂的手法

（1）垂直运用喷枪：

将喷枪垂直于产品表面进行喷涂。

（2）倾斜运用喷枪：

将喷枪与产品表面形成小于90度的夹角进行喷涂。

以上两种运用喷枪进行喷涂的方式可以单独使用，也可以结合使用，具体操作依据实际情况而定。（喷慕斯侧面底部时，一般会使喷枪与慕斯体呈垂直的角度进行喷涂，而其他面则会变化角度，倾斜喷涂。）

▲ 喷枪使用的练习

▲ 进阶版练习——点、线、面

■ 操作扳手练习

初步练习

产品喷涂效果的好坏，一定程度上也反映了操作者对扳手操作的熟练程度。喷枪扳手控制喷涂的幅度、线条的粗细和色面的大小，在对产品进行喷涂时具有重要的作用。

进阶版练习——点、线、面

该处练习主要应用于裱花蛋糕的喷绘中。

（1）"点"在喷绘中的应用：

"点"在喷绘中多用于物像的高光、亚光及闪亮的物体形态。例如人眼部的亮光，鼻子和嘴的高光。

喷点练习：

练习初期可在白纸上进行喷涂。将喷枪垂直于纸面，握住喷枪扳手，当纸面出现点状时，立刻松手即可。在练习时，手腕要稳，喷距可根据个人所需进行调整，要记住喷点的大小与喷距成正比，喷距越高，喷点面积越大，反之，则越小。

▲ 喷点练习

（2）喷线练习

喷线主要练习直线和曲线即可。直线练习主要涉及到短线和长线的喷制，曲线练习主要涉及到自由曲线和几何曲线。

① 直线练习

喷短线：以肘关节为轴运用喷枪，省力且方便操作。

喷长线：以臂关节为轴运用喷枪时，喷长线更加稳定，容易掌握，喷制出的线条较直。

具体操作：手持喷枪，在纸上进行喷涂练习，要求喷线均匀，开始和结束时的线条要干净，不出现蝌蚪形。喷线前，先出气，再出喷料（色素），收尾时，立刻松开扳手，提高喷距即可。

② 曲线练习

自由曲线：将喷嘴靠近喷涂面，以臂关节为轴，悬肘，悬腕，上下左右进行喷制。要求喷制开始时线条较虚，整体线条要流畅，收尾时，将喷距提高即可。

几何曲线（圆圈练习）：将喷枪垂直于纸面，悬腕，在纸上做圆周运动，要求线条粗细均匀。

▲直线

▲自由曲线

（3）晕面练习：

晕面作为喷点与喷线的进一步表现形式，可以借助各种模具的遮挡，喷制出想要的形状，晕面质量主要受颜色的深浅变化而影响。在练习时，操作者可以借助模具，在白纸上喷出想要的形状，若要加深某一处的颜色，可以在该处来回多喷几遍，使作品具有立体感。

PRACTICE OF USING AIRBRUSH

空气喷枪在操作中常见的故障及解决方法

在了解并掌握喷枪的操作时，还需要提前学习如何解决在操作喷枪时遇到的问题，才能保证喷枪正常运行。

故障现象	原因分析	解决方法
喷不出色	涂料太稠或喷嘴处堆积已经变干的涂料	稀释涂料或清洗喷嘴
喷溅	气压与涂料的供给关系不正常	调节气压
喷粒状	涂料凝聚压力过强或气压不足	检查涂料是否太稠或调整气压
突发性喷射	不连续性的气压供给，喷嘴有污物	调节气压，清洗喷嘴

西点中喷枪用的涂料种类及具体应用

空气喷枪作为西点中的装饰与上色"神器"，使用不同种类的涂料，其侧重点也不同，有的是使产品具有丰富的色彩，而有的是为了增加产品的口味或者二者兼具。不同涂料的应用范围不同，其营造的效果也不相同，这需要操作者将涂料与应用的产品进行正确的搭配使用。

涂料种类

涂料作为空气喷枪中的重要原料，不同涂料的应用方面也不同，下表大致介绍了不同涂料所适用的范围及侧重点。

涂料种类	应用范围	侧重点
可可脂＋巧克力	喷砂（应用于蛋糕甜品中）	巧克力的口感和颜色
可可脂＋色淀（油溶性色素）	巧克力制品上色（工艺造型、巧克力糖果等）	颜色
淋面＋色素	淋面喷涂（蛋糕甜品中）	口感、颜色
水溶性色素	翻糖蛋糕上色和裱花蛋糕中的喷画等	颜色

▲涂料种类

■ 喷砂方面

① 喷砂原理

喷砂中的巧克力与可可脂的混合物经过喷枪雾化后，喷涂在冻硬的蛋糕甜品表面，微小的雾滴状的巧克力和可可脂的混合物在遇冷后会瞬间凝固成小的颗粒状，经过不断地喷涂，小颗粒不断聚集在蛋糕甜品表面，使其形成一种毛茸茸的磨砂质感。

② 为什么蛋糕表面会结颗粒呢？

因为涂料中含有大量的油脂，经过加热变成液体，将其雾化成小液滴后，施涂于温度较低的蛋糕甜品表面时，油脂会冷却凝固，才会在其表面形成颗粒状。

③ 喷砂对象

喷砂作为蛋糕甜品装饰的一种，给其增添了几分朦胧的梦幻感。喷砂的对象以冷冻型的慕斯甜品居多，用于表面装饰，除此之外，还会将其应用到一些蛋糕饼底中，增添一份巧克力的风味。

（1）喷砂常用材料

喷砂中的常用材料为巧克力和可可脂，二者混合使用的比例为 1:1。需要注意的是，纯可可脂巧克力要和纯可可脂配合使用，代可可脂巧克力要和代可可脂配合使用，不可混用。

（2）喷砂的颜色

不同的喷砂颜色会给蛋糕营造出不一样的风格和感觉，例如咖啡色沉稳、红色热情、橙色活泼等。喷砂时所使用的颜色可以是巧克力原本的颜色，突显出含有巧克力的蛋糕甜品的主题，也可以使用各种颜色的油溶性色素为其增添不同的色彩。

在使用油溶性色素调色时，将其混合均匀是喷涂中重要的一环。一般油溶性色素为粉末状，当将其放入液体的涂料中时，若没有很好地搅拌，会结颗粒，后期喷涂时，容易堵塞喷枪，影响工作效率和喷涂的效果，最好的处理方法便是使用均质机将混合物搅拌均匀。

（3）喷砂的操作流程

准备需要喷涂的产品

以蛋糕甜品为例，在喷涂前，需要将产品长时间地放置在冷冻中，使其表面温度足够低。

准备涂料

（1）首先要确认所喷涂的产品的颜色，确定产品风格。

（2）其次是将纯可可脂巧克力与纯可可脂混合化开，搅拌均匀。（若需要调色就加入所需的色素，用均质机搅拌均匀即可。）

喷涂

涂料的操作温度：将准备好的涂料倒入喷壶中，涂料的温度保持在 35℃~45℃。

喷涂距离：将需要喷涂的蛋糕甜品取出，在合适的喷涂距离中（25 厘米~30 厘米）进行操作。

喷涂方式：根据制作者的个人习惯、操作技术和产品的特点（体积的大小）一般分为大批量和单个的两种喷涂方式进行操作。喷涂时，要少量多次地进行，防止喷涂过度。

（1）大批量喷涂

大批量喷涂的产品一般体积较小，喷涂颜色一般为单色。在进行喷涂时，将几个或十几个产品放入烤盘中进行喷涂操作，对操作者的喷涂速度方面要求较高。

（2）单个喷涂

单个喷涂的产品一般体积较大，喷涂的颜色是单色或多种颜色。在进行喷涂时，需要喷涂一个就取出来一个。一般是将产品放在转盘中心处，边转动转盘边进行少量多次地喷涂，使产品的喷涂状态达到最佳。

SUEDE

TEXTURE

喷砂注意点：

① 涂料的操作温度需要保持在最佳范围内

如果涂料温度太低，喷出的雾化较粗，颗粒粗糙；如果温度太高，涂料在短时间内未凝固，会形成液体状流下，很难形成磨砂的质感。

② 喷涂的距离要恰当

喷砂的距离太近，喷幅面积小，喷砂颗粒较粗，形成的喷砂较厚重，若是带有颜色的涂料，则其表面颜色过深，影响口感和外观。（详细的原因可参考上一篇文章中提到的喷涂距离与喷幅面积的关系）

③ 提前将喷枪预热

在预热喷枪时，可以使用热烘枪或吹风机，使涂料在一个温暖的环境中。若涂料与喷枪的温差过大，当涂料进入喷枪时（尤其是涂料经路部分），先接触喷枪的涂料会凝固，造成堵塞，影响喷涂操作。

注意： 如果喷枪中的可可脂凝固，喷不出液体时，也可以用热烘枪对其加热，直至喷枪中的可可脂完全化开即可。

④ 要将需要喷涂的产品保持在低温的状态下进行喷涂

（1）需要喷涂的产品在操作前不可在常温下放置过久，由于产品和室温存在温差，表面会形成一层白霜，后期喷涂时，其表面的喷砂层会开裂脱落。

（2）如果喷涂的产品温度过高，在进行喷涂时，没有足够低的温度使涂料迅速凝固，会影响喷砂的质感；另一方面，以慕斯体为例，若其本身温度高，其表面会化开变软，如果喷砂时的气流较强，二者相遇，气流会破坏慕斯体的形状，影响美感。

⑤ 喷涂量要适当

喷涂时要少量多次地进行，如果喷涂量太多，产品表面会因为太厚而导致开裂。

A DEVICE FOR CHOCOLATE VELVET EFFECT

淋面喷涂方面

淋面作为蛋糕甜品的另外一种常用装饰，赋予了产品更多的样貌。淋面是直接将液体浇淋在产品表面，使其表面形成一层光亮的外壳。一般淋面的使用温度为 32℃左右，而将淋面进行喷涂的方式呈现在蛋糕甜品中时，需将其加热到更高的温度，这样才能使其均匀地喷涂在产品表面。因为淋面质地相对黏稠，喷涂淋面时的温度比直接浇淋淋面时的温度较高，经过加热，淋面整体质地较稀，在喷涂时，不会堵塞喷枪。

淋面喷涂选用的材料

一般使用常用于蛋糕甜品中的淋面，如果需要对其进行调色，添加油溶性和水溶性的色素均可。

用淋面喷涂装饰的产品与直接浇淋的产品相比有哪些优点？

1. 淋面喷涂的产品色泽更加闪亮。

2. 淋面喷涂的产品表面质地较薄。

3. 保存时间较持久。

4. 淋面喷涂的产品颜色还可以达到渐变的效果，装饰手法和方式更加灵活多样。

翻糖蛋糕上色方面

喷涂材料： 水溶性色素

喷涂注意点：

1. 大面积喷涂时，喷枪要离翻糖蛋糕体远一些，喷涂的幅度大一些后，上色才会更加均匀；当对其进行小面积喷涂时，要将喷枪离翻糖蛋糕近一些，方便操作。

2. 每次喷色时，都要在上一层色素完全干了之后再进行下次的喷涂，否则会出现混色的情况。若一直在一个地方进行喷涂，色素里的水分与翻糖皮中的糖分相遇时，会产生黏性，影响成品美观。

▲翻糖蛋糕上色方面　　　▲喷涂材料

巧克力制品方面

喷涂材料：

巧克力制品中的喷涂材料为可可脂与油溶性色素的混合物，一般 3 克 ~10 克油溶性色素需要 100 克可可脂，色素的用量要根据其品牌和溶解度进行调整。需要注意的是，纯可可脂巧克力要使用纯可可脂和色素的混合物，代可可脂巧克力要和代可可脂和色素的混合物一起使用，此处着重以纯可可脂巧克力制品为例进行介绍。

喷涂注意点：

1. 涂料的喷涂温度要在合理的范围之内

要将可可脂混合物的喷制温度保持在 30℃ ~31℃。若温度太高，可可脂无法吸附在巧克力或模具表面；若温度太低，容易堵塞喷枪。

2. 掌握好喷涂的时机

在用可可脂混合物喷涂模具时，若需要两种及以上的颜色，必须等到上一层颜色的可可脂结晶后，方可喷涂下一层。若上一层仍是液体的情况下就进行喷涂，其表面的可可脂会被下一次喷涂的气压冲散，颜色会混在一起，影响产品美观。

3. 可可脂喷涂的厚度要适量：

以制作模具型的巧克力花为例，若可可脂喷涂过厚，不仅浪费可可脂，还会使花瓣有一种厚重的感觉，影响美感；若是喷涂过薄，后期浇淋的巧克力色会破坏原有的色彩效果。

4. 喷色时的换色小技巧

除了将喷枪进行拆卸清洗外，还可以利用需要换色的可可脂为基底对喷枪进行清洗。

具体操作方法：

1. 将喷枪内剩余的可可脂倒出，再将其内部的可可脂全部喷出。

2. 将另一种颜色的可可脂倒入液体杯（或喷壶）中，先在白纸上进行喷涂，直至完全喷出想要的颜色后即可进行下一次的喷涂。

空气喷枪在西点中应用广泛，大家在掌握了其基础运用之后，还可以在制作中不断地进行探索和创新，将空气喷枪的优势发挥到极致，创造出令人惊艳的产品。

MAKE THE CAKE MORE ATTRACTIVE

ULTIMATE PORTABLE COFFEE GRINDER

Enjoy your freshly ground coffee - whenever and wherever. Designed by DripDrop.

Nutshell:
柠檬般大小的袖珍型手持磨豆机
A Pocket-Sized Coffee Grinder

Writer || 鸿烨

从标题就能发现，这是一个便携式的磨豆机设计产品，其实在现今的新器具设计和研发中，有很大一部分都致力于便携这件事上。过去我也分享过很多便携式咖啡器具，不过对于磨豆机来说，我们能想到的所谓便携类型的，就是那些常见形态的手摇磨豆机，虽说体积也不算大，但我觉得都不如今天要分享的这款手持磨豆机那么小巧与便携，因为它只有一颗柠檬般大小。

这款手持磨豆机是由 DripDrop.Café 研发与设计的，其目的自然也是为了迎合那些希望随时随地都能享受一杯现磨咖啡的人们。DripDrop.Café 一直致力于将咖啡制作过程中美妙而愉悦的快乐带给咖啡爱好者，也鼓励人们可以通过很简便的方法自制咖啡。这个设计团队旨在产生新的咖啡制作概念，从市场研究到产品开发，他们专注于每个细节，以确保产品的质量，同时他们也相信优质的产品是可以为每个人带来欢乐的。

由于对磨豆机内部的零部件的精细度以及本身质地上的要求较高，自然就使这款工具的便携度存在一定的难度。我们既要极大化地保留那些放置在吧台上笨重的咖啡磨豆机所带来的研磨效果，又希望这台磨豆机不管从体积上还是重量上都能便于携带，这是一件很难的事情。这似乎有点变得像天方夜谭，但随着越来越多的手持磨豆机的问世，也让人们逐渐开始意识到，其实一台较好的磨豆机，不一定就得是笨重的机型，它也可以做成小巧灵动的造型。

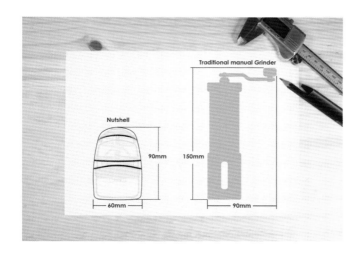

所以这款磨豆机也是为了将现磨咖啡带入更多的应用场景，哪怕你是在户外活动，也可以实现现磨、现冲煮，所以这款设计得较为紧凑型的磨豆机，真正成为了一种"口袋式"咖啡磨豆机。

这款磨豆机的总重量仅为 138 克，还不如一个普通的咖啡杯重，体积上大约也就是一颗柠檬的大小，无论男生还是女生都可以轻松拿握。迷你的小豆仓一次最多可以放入 18 克咖啡豆，基本上可以满足一到两人份的冲泡所需。底部研磨后的粉仓可以容纳 36 克咖啡粉，所以研磨后也不用担心储存会溢出。

但我觉得这款手持磨豆机让我很惊喜的并不仅仅是因为它非常的便携，我更多关注的是经过它这样的设计以后，让整个研磨过程发生了变化，至少完全区别于传统的手摇磨豆机。传统的手摇磨豆机有一个手柄，对它施力转动就可以完成研磨，但很多手摇磨豆机其实还需要施加很大的力道才能完成研磨。而这一款磨豆机只要来回扭动就可以实现研磨，更符合人体工程学的形状，适合扭动和握持，使双手一上一下配合扭动研磨，会让你减少手部疲劳。同时少了手柄的部分，让整体占据的空间也大大缩小，尽管现在有一些手摇磨豆机的手柄是可以收纳的，但还是这种原本就没有手柄的设计更为精巧。

这样就可以让这款磨豆机很轻松地放入你包包的任何角落，真正做到了外出便携，DripDrop.Café 早期为了将概念产品变成现实，前后也进行了许多形态的草绘和 3D 打印建模，每种原型都进行了测试，通过优化结构最终确定了目前我们所见的版本。目前这款手持磨豆机还在 kickstarter 进行众筹，这样一个磨豆机的早鸟价是 17 美元，随后进入市场的话可能售价是 26.5 美元，相当于 186 元人民币。

Instruction

1/ Open lid by lifting the tap.

2/ Carefully pour your prefered coffee beans into the Nutshell.

3/ Close the lid firmly.

4/ Rotate Nutshell back and forth to grind beans.

5/ To access ground coffee, firmly grip lower container and gently lift the upper module.

6/ Your fresh ground coffee is ready for brewing!

Note: The fineness of ground coffee is adjustable by winding the adjustment knob

官网：https://www.kickstarter.com/projects/dripdrop-cafe/nutshell-a-pocket-sized-coffee-grinder

ALMOND BAVARESE

杏仁巴伐利亚

配方由甜点主厨 Franck Michel 与矽利康专业烘焙模具共同提供。

杏仁巴伐露

配方：

牛奶	220 克
50% 杏仁膏	155 克
柠檬	1 个
蛋黄	55 克
吉利丁片	10 克
冷水	60 克
意大利苦杏酒	25 克
打发的淡奶油	450 克

准备：

1. 用刨皮器刨出柠檬皮屑，备用。

2. 将吉利丁片用冷水浸泡变软，备用。

制作过程：

1. 将牛奶倒入奶锅中，煮沸。加入 50% 杏仁膏和柠檬皮屑，搅拌均匀，过滤。

2. 将"步骤 1"冲入蛋黄中，搅拌均匀。

3. 将"步骤 2"倒回锅中，边加热边搅拌至浓稠。

4. 离火，加入意大利苦杏酒和浸泡好的吉利丁片，搅拌均匀。

5. 隔冰水降温至 32℃~34℃，分次加入打发的淡奶油，用橡皮刮刀翻拌均匀。

红色淋面

配方：

水	225 克
细砂糖	450 克
葡萄糖	450 克
甜炼乳	300 克
吉利丁片	30 克
冷水	180 克
35% 白巧克力	450 克
红色食用色素	适量

准备：

1. 将吉利丁片用冷水浸泡变软，备用。

2. 将 35% 白巧克力隔热水化开，备用。

制作过程：

1. 将水、细砂糖和葡萄糖倒入熬糖锅中，加热至沸腾。

2. 离火，加入甜炼乳和浸泡好的吉利丁片，搅拌均匀。

3. 将"步骤 2"冲入化开的 35% 白巧克力中，加入红色食用色素，用均质机搅拌均匀。

组装

配方：

金箔	适量
中性镜面果胶	适量

制作过程：

1. 将杏仁巴伐露注入 Cupido 30 模具中至满。

2. 放入急速冷冻柜中，冷冻成型。

3. 取出，脱模，将冷冻成型的杏仁巴伐露放置在淋面架上，淋上红色淋面。

4. 表面用金箔装饰，最后用裱花袋挤上一滴中性镜面果胶装饰。

模具：Cupido 30
尺寸：45 毫米 ×44 毫米，高 24 毫米；
体积：30 毫升 ×15=450 毫升。

LOVE STRAWBERRY

恋上草莓

配方由甜点主厨 Roland Zanin 与矽利康专业烘焙模具共同提供。

草莓慕斯

配方：

草莓果蓉	1000 克
细砂糖	150 克
打发的淡奶油	1000 克
吉利丁片	12 克
冷水	72 克

准备：

1. 将吉利丁片用冷水浸泡变软，备用。

制作过程：

1. 将草莓果蓉和细砂糖倒入锅中，加热至 20℃。

2. 离火，加入浸泡好的吉利丁片，搅拌均匀。

3. 分次加入打发的淡奶油，用橡皮刮刀翻拌均匀。

草莓果酱

配方：

新鲜草莓	300 克
草莓果蓉	1000 克
细砂糖	300 克
NH 果胶	13 克

准备：

1. 将新鲜草莓洗净，去蒂，切成丁状，备用。

2. 将细砂糖和 NH 果胶混合，搅拌均匀。

制作过程：

1. 将草莓果蓉与细砂糖和 NH 果胶的混合物倒入锅中，加热至沸腾。

2. 离火，加入新鲜草莓，搅拌均匀。

3. 将"步骤2"装入模具中，放入急速冷冻柜中，冷冻成型。

小贴士：

1. 将新鲜草莓的蒂留着，组装时可以使用。

玛德琳饼干

配方：

全蛋	500 克
细砂糖	400 克
低筋面粉	440 克
泡打粉	16 克
榛子黄油	360 克

准备：

1. 将低筋面粉和泡打粉混合过筛，备用。

制作过程：

1. 将全蛋和细砂糖倒入搅拌桶中，搅拌均匀。

2. 加入过筛的低筋面粉和泡打粉，用扇形搅拌器搅拌至无干粉状态。

3. 加入榛子黄油，搅拌均匀。

4. 取出，倒入模具中，表面用抹刀抹平。

5. 放入烤箱，以 180℃烘烤约 8 分钟。出炉后待凉，用模具压出形状，备用。

模具：Fragola 30
尺寸：48 毫米 ×37 毫米，高 33 毫米；
体积：30 毫升 ×15=450 毫升。

组装

配方：

新鲜草莓蒂　　　　　　　适量

制作过程：

1. 在 Fragola 30 模具中注入一层草莓慕斯，用抹刀带起至铺满整个内壁。

2. 放入冷冻成型的草莓果酱。

3. 再注入一层草莓慕斯至九分满。

4. 顶部放入一块玛德琳饼干，表面用抹刀抹平。

5. 放入急速冷冻柜中，冷冻成型。

6. 取出，脱模，用新鲜草莓蒂装饰。

SECRET TALE

神秘的传说

配方由世界甜点冠军 Fabrizio Donatone 与矽利康专业烘焙模具共同提供。

柠檬白巧克力巴伐露

配方：

牛奶	240 克
淡奶油	60 克
蛋黄	105 克
细砂糖 A	90 克
白巧克力	200 克
柠檬汁	60 克
细砂糖 B	45 克
柠檬皮屑	6 克
吉利丁片	14 克
冷水	84 克
打发的淡奶油	840 克
香草荚	1 根

准备：

1. 将吉利丁片用冷水浸泡变软，备用。

2. 将香草荚剖开，刮出香草籽，备用。

制作过程：

1. 将牛奶、淡奶油、香草籽和荚壳倒入奶锅中，加热至沸腾，过滤。

2. 将蛋黄和细砂糖 A 混合，搅拌均匀。

3. 将"步骤 1"冲入"步骤 2"中，搅拌均匀。

4. 将"步骤 3"倒回锅中，边加热边搅拌至浓稠。

5. 用锥形网筛将"步骤 4"过滤到白巧克力中，搅拌均匀。

6. 隔冰水降温至 25℃，加入柠檬汁、柠檬皮屑和细砂糖 B，搅拌均匀。

7. 加入浸泡好的吉利丁片，搅拌均匀。

8. 待温度降至 22℃~24℃，分次加入打发的淡奶油，用橡皮刮刀翻拌均匀。

杏仁饼底

配方：

低筋面粉	500 克
糖粉	200 克
杏仁粉	70 克
海盐	2 克
黄油	300 克
全蛋	100 克

制作过程：

1. 将所有粉类和黄油混合，搅拌成沙粒状。

2. 加入全蛋和海盐，用打蛋器搅拌均匀，放入冰箱中冷藏。

3. 取出面团，用擀面杖擀压至 2 毫米厚。

4. 用圆形切模切出形状，摆放在烤盘上，放入烤箱，以 160℃烘烤 18 分钟。

海绵蛋糕

配方：

全蛋	480 克
蛋黄	60 克
细砂糖	360 克
低筋面粉	320 克
土豆淀粉	60 克
柠檬	1 个
波旁香草荚	1 根

准备：

1. 将波旁香草荚剖开，刮出香草籽，备用。

2. 将低筋面粉和土豆淀粉混合过筛，备用。

3. 用刨皮器刨出柠檬皮屑，备用。

制作过程：

1. 将全蛋、蛋黄和细砂糖倒入搅拌桶中，打发。

2. 加入过筛的粉类、柠檬皮屑和香草籽，用橡皮刮刀搅拌至无干粉状态。

3. 将面糊倒入 Tortaflex 方形模具中，表面用抹刀抹平。

4. 放入烤箱，以 180℃烘烤 20 分钟 ~25 分钟。

小贴士：

1.Tortaflex 方形模具尺寸：180 毫米 ×180 毫米，高 50 毫米。

柠檬糖浆

配方：

细砂糖	150 克
水	150 克
柠檬酒	50 克

制作过程：

1. 将细砂糖和水倒入熬糖锅中，加热制成糖浆。

2. 离火，冷却，加入柠檬酒，搅拌均匀。

红色淋面

配方：

水	125 克
葡萄糖	250 克
细砂糖	250 克
白巧克力	50 克
可可脂	80 克
吉利丁片	16 克
冷水	80 克
炼乳	160 克
红色食用色素	3 克

准备：

1. 将吉利丁片用冷水浸泡变软，备用。

2. 将白巧克力和可可脂混合，备用。

制作过程：

1. 将水、葡萄糖和细砂糖倒入锅中，加热至沸腾。

2. 将"步骤 1"冲入白巧克力和可可脂中，搅拌均匀。

3. 加入浸泡好的吉利丁片和炼乳，搅拌均匀。

4. 加入红色食用色素，用均质机搅拌均匀。

5. 贴面覆上保鲜膜，放入冰箱冷藏 12 小时 ~24 小时。

6. 使用时回温到 28℃ ~30℃。

草莓蜂蜜酱

配方：

新鲜草莓	500 克
槐花蜂蜜	100 克
柠檬汁	15 克
香草荚	1 根

准备：

1. 将新鲜草莓洗净、去蒂，每个切成四块，备用。

2. 将香草荚剖开，刮出香草籽，备用。

制作过程：

1. 将槐花蜂蜜和香草籽倒入熬糖锅中，加热至沸腾。

2. 加入新鲜草莓，煮至水分完全蒸发。

3. 离火，加入柠檬汁，搅拌均匀。

4. 贴面覆上保鲜膜，冷藏保存 12 小时。

组装

配方：

糖珠	适量

制作过程：

1. 将柠檬白巧克力巴伐露注入 Russian Tale 125 模具中至三分满，用抹刀带起至铺满整个内壁。

2. 在模具中注入一层草莓蜂蜜酱，再注入柠檬白巧克力巴伐露至九分满。

3. 将海绵蛋糕浸入柠檬糖浆中。

4. 取出"步骤 3"，放置在模具顶部，用抹刀将表面压平。

5. 放入急速冷冻柜中，冷冻成型。

6. 取出，脱模，放置在淋面架上，淋上红色淋面。

7. 将甜品转移到杏仁饼底上，最后将糖珠放置在甜品顶部作为装饰。

模具：Russian Tale 125
尺寸：直径 67 毫米，高 73 毫米；
体积：125 毫升 ×5=625 毫升。

FRUITY CHOCO CHEESE BROWNIES

果味巧克力芝士布朗尼

配方由 PT Gandum Mas Kencana 的技术顾问 Novaria 主厨提供。

巧克力布朗尼

配方：

Colatta 巧克力酱	400 克
全蛋	150 克
中筋面粉	75 克

制作过程：

1. 将 Colatta 巧克力酱倒入不锈钢盆中，隔水加热至化开。
2. 将全蛋倒入另一个不锈钢盆中，搅拌均匀。将全蛋倒入"步骤1"中，搅拌均匀。
3. 加入中筋面粉，用橡皮刮刀翻拌均匀。

芝士布朗尼

配方：

奶油奶酪	200 克
黄油	75 克
Haan 糖粉	75 克
全蛋	2 个
中筋面粉	75 克
Haan 泡打粉	1/4 茶匙
香草精	1/4 茶匙

制作过程：

1. 将奶油奶酪、黄油和 Haan 糖粉倒入厨师机中，搅打至顺滑。
2. 边搅拌边分次加入全蛋，搅拌均匀。
3. 加入中筋面粉、Haan 泡打粉和香草精，搅拌均匀。

组装

配方：

草莓酱	50 克
绿茶酱	50 克
杧果酱	50 克
Colatta 草莓巧克力淋面	200 克
Colatta 柠檬巧克力淋面	200 克
Colatta 葡萄巧克力淋面	200 克
方形巧克力片	适量
彩色糖珠	适量

准备：

1. 将烤箱预热 170℃。
2. 准备一个椭球形的矽利康模具。

制作过程：

1. 将巧克力布朗尼面糊倒入模具中至三分满，放入烤箱，以 170℃烘烤至半熟。
2. 取出，在巧克力布朗尼表面分别注入草莓酱、绿茶酱和杧果酱，制成不同的口味。
3. 再在表面注入一层芝士布朗尼至满，放入烤箱，以 170℃烘烤至熟。
4. 取出，放入冰箱，冷冻成型。
5. 取出，在蛋糕底部插入一根棒，分别蘸上 Colatta 草莓巧克力淋面、Colatta 柠檬巧克力淋面和 Colatta 葡萄巧克力淋面。
6. 在蛋糕表面撒上彩色糖珠，将蛋糕放置在方形巧克力片上。

JAVA TAMARIND TRUFFLES

爪哇罗望子松露巧克力

配方由雅加达国际糕点学院提供。

罗望子甘纳许

配方：

淡奶油 A	100 克
香草精	10 克
罗望子果蓉	130 克
罗望子汁 A	30 克
葡萄糖浆	40 克
淡奶油 B	40 克
罗望子汁 B	40 克
Colatta 考维曲牛奶巧克力	50 克
Colatta 56% 考维曲林贾尼黑巧克力	
	100 克
无盐黄油	20 克

准备：

1. 将无盐黄油切成小块，室温软化，备用。

制作过程：

1. 将淡奶油 A、香草精、罗望子果蓉、罗望子汁 A 和葡萄糖浆倒入熬糖锅中，用中火加热至微沸，期间用打蛋器不断搅拌。
2. 离火，贴面覆上保鲜膜，静置 10 分钟~15 分钟。
3. 将淡奶油 B 和罗望子汁 B 倒入"步骤 2"中，继续加热至微沸。
4. 离火，过滤，丢弃杂质。
5. 将 Colatta 考维曲牛奶巧克力和 Colatta 56% 考维曲林贾尼黑巧克力混合，隔热水化开至半化开状态。
6. 将"步骤 4"冲入"步骤 5"中，搅拌至巧克力全部化开。
7. 加入软化好的无盐黄油，用均质机搅拌均匀。
8. 贴面覆上保鲜膜，冷藏至 30℃。

巧克力壳

配方：

可可脂	50 克
黑色食用色素	适量
黄色食用色素	适量
蓝色食用色素	适量
红色食用色素	适量
考维曲白巧克力	适量

制作过程：

1. 将 50 克可可脂分成四份，隔热水化开，分别加入黑色、黄色、蓝色和红色食用色素，搅拌均匀。
2. 用 12 号细毛刷蘸黑色、黄色、蓝色可可脂，分别撒在模具中，静置凝固。
3. 将红色可可脂调温，装入喷枪中，喷在巧克力模具内，静置凝固。
4. 将调好温的考维曲白巧克力装入裱花袋内，挤入模具内至满，震一震消泡，再反扣将巧克力倒出，用铲刀将模具表面刮干净，反扣在油纸表面保持垂直平衡，静置凝固。
5. 待巧克力壳表面凝固后，使用铲刀将表面和边缘刮干净，冷藏 10 分钟。

组装

配方：

白巧克力　　　　　　　　适量

制作过程：

1. 将罗望子甘纳许装入裱花袋中，注入巧克力模具内至九分满，震一震消泡，放置冰箱中，冷藏凝固。

2. 取出模具，在模具表面涂抹一层调好温的白巧克力用以封底，震一震消泡，在表面覆盖一张胶片纸，使用铲刀沿着一端刮至另外一端，至表面光滑，放置冷藏 3 分钟 ~5 分钟。

3. 取出模具，在模具表面放置一个烤盘，翻转模具，在桌子上轻敲一下，使巧克力脱模。

小贴士：

1. 此配方可以制作 32 颗 ~34 颗巧克力。

LEMON & CHEESE MACARON

柠檬芝士马卡龙

配方由雅加达国际糕点学院的餐饮技术主厨 Dian Wanandi 提供。

白色和粉色马卡龙壳

配方：

杏仁粉	100 克
糖粉	100 克
蛋白 A	40 克
细砂糖	270 克
水	67 克
蛋白 B	115 克
粉色食用色素	适量

制作过程：

1. 将杏仁粉和糖粉混合，过筛入盆中。

2. 将蛋白 A 倒入"步骤 1"中，用半圆形刮板快速翻拌至无干粉状态。

3. 将"步骤 2"分成两份，其中一份加入粉色食用色素，搅拌均匀。另外一份白色面糊不做处理。两份面糊备用。

4. 将水和细砂糖倒入熬糖锅中，加热至 115℃，制成糖浆。

5. 当糖浆温度达到 100℃时，开始打发蛋白 B，然后将煮好的糖浆冲进蛋白中，继续打发至蛋白能形成较硬的鸡尾状，制成意式蛋白霜。

6. 取 30 克意式蛋白霜加入"步骤 3"中，用橡皮刮刀翻拌均匀。再加入 60 克意式蛋白霜，继续翻拌均匀。粉色面糊的制作过程与白色面糊一致。

7. 用 8 号或 10 号裱花嘴将白色面糊挤入烤盘中，再用粉色面糊在表面上挤一些点，用牙签画出心形图案，用剩余的粉色面糊挤出心形。静置 30 分钟 ~45 分钟。

8. 放入烤箱，以 160℃烘烤 5 分钟。

9. 将烤箱温度调至 150℃，继续烘烤 10 分钟。

10. 取出，冷却，备用。

奶油糖霜

配方：

奶油奶酪	200 克
糖粉	100 克
无盐黄油	70 克
打发淡奶油	30 克

制作过程：

1. 将奶油奶酪、糖粉和无盐黄油倒入搅拌桶中，搅拌至顺滑。

2. 加入打发淡奶油，用橡皮刮刀翻拌均匀。

柠檬内馅

配方：

全蛋	55 克
蛋黄	20 克
细砂糖	65 克
无盐黄油 A	40 克
柠檬	1 个
柠檬汁	30 克
无盐黄油 B	50 克
柠檬香精（食品级）	3 克

准备：

1. 用刨皮器刨出柠檬皮屑，备用。

制作过程：

1. 将全蛋、蛋黄和细砂糖倒入熬糖锅中，搅拌均匀。

2. 用小火加热，边加热边用打蛋器不断搅拌，防止煳底。

3. 加入无盐黄油 A、柠檬皮屑和柠檬汁，搅拌至浓稠。

4. 离火，过滤，冷却后加入无盐黄油 B 和柠檬香精（食品级），
   用均质机搅拌均匀。

5. 将"步骤 4"倒入不锈钢盆中，贴面覆上保鲜膜，冷藏，
   备用。

组装：

1. 在马卡龙边缘挤一圈奶油糖霜，在中心部位填入柠檬
   内馅，再盖上另外一块马卡龙即可。

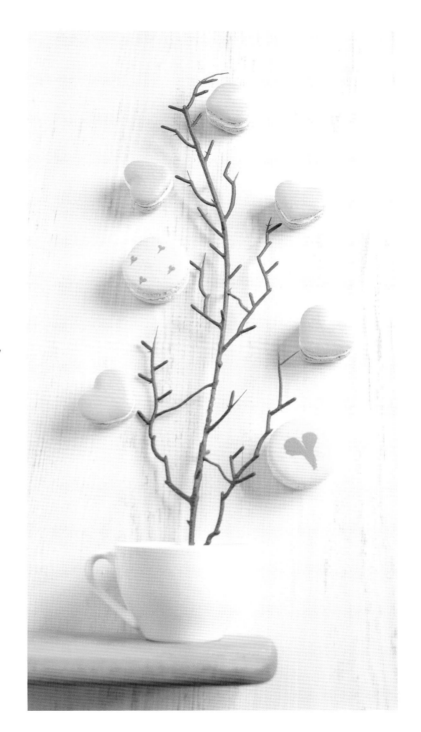

RASPBERRY CROISSANT

覆盆子羊角面包

配方由 PT SMART Tbk 的技术服务经理 Kim Garry 提供。

FILMA®
The Professional's Choice

红色面团

配方：

高筋面粉	150 克
中筋面粉	150 克
糖粉	50 克
盐	5 克
水	150 克
FILMA® 麦淇淋	50 克
红色食用色素	适量

制作过程：

1. 将除 FILMA® 麦淇淋外的所有原料混合，搅拌均匀。
2. 加入 FILMA® 麦淇淋，用均质机搅拌均匀。

羊角面团

配方：

高筋面粉	900 克
细砂糖	80 克
盐	15 克
奶粉	20 克
即食酵母	15 克
冰水	500 克
FILMA® 麦淇淋	50 克
FILMA® 丹麦糕点麦淇淋	500 克
覆盆子酱	适量

制作过程：

1. 将高筋面粉、细砂糖、盐、奶粉、即食酵母和冰水倒入搅面缸中，搅拌均匀。加入 FILMA® 麦淇淋，搅拌至面团完全扩展。
2. 取出面团，用擀面杖擀薄，放入冰箱冷藏 1.5 小时 ~2 小时。
3. 取出面团，放在室温下静置 15 分钟使面团回温。再放入起酥机中，擀压至能包入麦淇淋即可。
4. 包入 FILMA® 丹麦糕点麦淇淋，并使其规整。
5. 放入起酥机中，进行两次三折，放入冰箱冷藏 20 分钟。
6. 在羊角面团表面放上红色面团，放入起酥机中，擀压至 3.5 毫米厚。
7. 将面团切成底边 11 厘米、高 23 厘米的等腰三角形。
8. 将覆盆子酱挤在距离三角形底边 1 厘米处，向上卷起，摆入烤盘中。
9. 放入醒发箱中，以 35℃ ~40℃ 醒发 90 分钟。
10. 放入烤箱中，以 170℃ 烘烤 18 分钟。

¤ 专访·世界巧克力大师 水野直己

谷底便是机会

Writer || 缪蓓丽　**Photographer** || 刘力畅 谢庄人　**Translation** || 曾超　**Video** || 巩绪秋

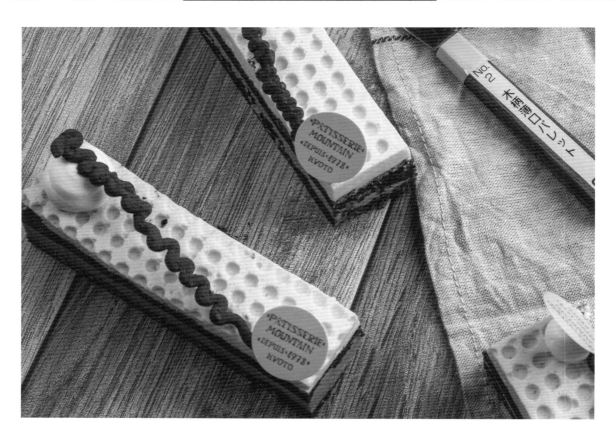

水野直己

1997 年，在东京诺亚甜点屋（お菓子の家ノア）担任甜点师；

2002 年，前往法国 Le grenier a pain 和 Le Trianon Angers 进修；

2004 年，回到日本，，在二叶制果学校（二葉製菓学校）担任讲师；
荣获东京国际蛋糕展（Japan Cake Show TOKYO）小型工艺果子项目的银奖；

2005 年，荣获东京国际蛋糕展（Japan Cake Show TOKYO）小型工艺果子巧克力工艺果子项目的银奖；
荣获 André Lecomte 比赛的 Paris‐Brest 奖；
荣获第十三届内海杯技术大赛金牌；

2007 年，荣获法国巴黎举办的世界巧克力大师赛（World Chocolate Masters Competition）综合冠军；

2008 年，担任 Barry Callebaut 公司的 Callebaut 品牌大使；

2009 年，担任福知山市洋果子 MOUNTAIN（洋菓子マウンテン）的甜点主厨。

Q: 您是从什么时候开始接触甜点的？人生中获得的第一张证书、荣誉或者奖项是什么？

A: 18 岁的时候，我开始接触甜点。最初我在东京的甜品店就职，后来又去餐厅工作了一段时间。2002 年的时候，我还前往法国进修了甜点。26 岁起我就开始参加比赛了，并且在那一年获得了内海杯技术大赛金奖和 2005 Japan Cake Show 巧克力工艺部门银奖两个奖项。

Q: 您觉得巧克力的魅力是什么？是什么契机让您接触到了巧克力工艺？

A: 巧克力的魅力便是吃到口中的美味，以及入口时感觉到的幸福感。因为自己一直想参加比赛，所以在制果学校当老师的时候也同时准备着比赛，正是那个时候开始接触到了巧克力造型。

Q: 在您看来，巧克力与其他食材的搭配有规律可循吗？

A: 巧克力与其他食材搭配的基本原则是：要与能够发挥巧克力本身特征的食材去组合。比如酸性比较强的巧克力会与莓果类结合，芳香柔和的巧克力会与甘甜的水果结合等。

Q: 您一共参加过几场赛事？有没有失利或者遭遇挫折的时候，您又是如何克服的呢？

A: 我参加过两次世界级的比赛。一次是在德国参加的 André Lecomte 比赛，还有一次就是在法国巴黎参加的世界巧克力大师赛。其实有很多次失败的经历，在现场也会发生很多意外的情况，比如时间来不及或是由于语言不通导致的理解偏差等。而我克服这些挫折的方式是微笑面对它们。

CREATE UNIQUE SWEETNESS

CHOCOLATE IS AN OPPORTUNITY TO ENCOUNTER BEAUTY

Q: **您在洋果子 MOUNTAIN 店铺工作了十几年，投入了很多心血与情感，有没有令您印象深刻的人或事呢？**

A: 这是我父亲创立的家族店铺，刚开始我做的巧克力甜点完全卖不掉，因为我做的产品与父亲的客人所需求的商品完全不一样。确实我应该做客人所需求的产品，但同时我也想给大家介绍新的东西。所以我现在的状态是每天都在兢兢业业地学习，渐渐地去拉近与顾客的距离，把店铺经营下去。

Q: **作为亚洲第一位世界巧克力大师赛冠军，这一次获奖对您产生了哪些影响？**

A: 这一次获奖对我产生了很大的影响。以巧克力为契机，我邂逅了很多东西，比如我现在能来到上海王森名厨中心授课，也是因为巧克力。在比赛中遇到的人，以后将要遇到的人等，也许都是因为这次获奖，有了契机。

Q: **在赛场上，巧克力装饰艺术主要考察选手哪些方面的能力？**

A: 作为评委，我会考察作品每个部件的制作是否完美，以及每个部件的组装是否平衡等细节问题，同时我还会从远处观察作品整体是否美观。

Q: **您在店铺运营、产品更新或者员工管理上有哪些自己的见解呢？**

A: 我店里的员工基本上五年以后就可以独立了。在员工刚入职的时候我就定好了这个目标，在这五年间，我会认真地去培养他们掌握作为一名甜点职人必备的技术。

Q: **您的座右铭是什么？为什么把这句话当作自己的座右铭呢？**

A: 不知道算不算是座右铭，这句话在今天我上课的时候也说到了，就是"谷底便是机会"。这是我很喜欢的一句话。比如今天的吉利丁一直无法凝固，遇到了"谷底"，但经过一番思考后，重新换了一种装饰手法，便产生了不同的甜点，这对于我来说也是很好的学习过程。

HITTING BOTTOM IS
AN OPPORTUNITY

¤ 专访·亚洲西点师竞技大赛冠军 王胜

下个路口继续见

Writer || 栾绮伟　　**Photographer** || 刘力畅

王胜

2015 年，获得"我是主厨"上海烘焙大师赛第三名；

　　　　赛后受邀担任王森国际咖啡西点西餐学校的糖艺老师；

2016 年，担任王森教育集团赛事委员会教练；

2017 年，获得亚洲西点师竞技大赛中国区冠军；

2018 年，获得 CLW 西点精英赛（现场竞技）拉糖项目冠军；

2019 年，获得第三届亚洲西点师竞技大赛中国区选拔赛金奖；

2019 年，获得世界甜点、冰激凌、巧克力冠军杯大赛（FIPGC）银奖；

2019 年，获得第四届亚洲西点师竞技大赛冠军。

王森教育集团又培养出了一位世界冠军，这位冠军入行只有十年。在日常生活中，王胜老师是一个话不多的人，很低调。喜欢钻研的技术人员的"通病"在王胜老师身上都能看得到，即谈到专业的时候是高位者，在其他时候都是隐身人。

但是在教授学员或者选手时，他却是一个"话痨"老师，他会反复地强调和演示同一个技术点，甚至是手把手地辅导。很多学员都这样评价他："责任心让老师有了反差萌。"

在一个工作日的午后，我们约老师在训练室中见了一面。在我们见面的那一刻，他还拿着厚厚的一摞笔记在修改。坐下后，我们谈了一些经历、一些心得和一些期许，寥寥数笔，希望对正在阅读的你有些许帮助。

人生：努力着吧，等待下一次"巧合"！

首先我们谈到了入行的契机，这是看似寻常的入门话题，可当老师听到这一个问题时，却腼腆地笑了起来："真的是巧合。""巧合"这个词他强调了两遍。

在 18 岁时，王胜老师开始慢慢走入社会，当时他选择的行业不是烘焙、不是甜品，也不是食品工艺，而是中餐。不但是中餐，学习的居然还是拉面。这不禁让我们好奇是什么契机让他转而投身烘焙行业。

THE PERSISTENCE IN THE DESSERT INDUSTRY STEMS FROM LOVE

"当时年轻，真的不知道要学什么、做什么，迷迷茫茫的就学起了拉面，也不知道自己喜欢什么。"王胜老师并没有在中餐行业待太久，大概只待了一年左右，期间他对此一直兴趣缺缺："在那个阶段我的想法不太稳定，遇到的老师也没有给我很好的指引，所以没多久就萌生了转行的想法，只是不知道该往哪走。"年轻时的彷徨或多或少都会影响人的选择，往前往后、往左往右都有可能直接影响着自己的一生。很巧合的是，当他在行业中来回打转的时候，他见识到了中餐的食品雕刻，他说："其实谈不上是见识，当时只是看到了一位师傅在雕刻萝卜花。"

雕刻萝卜花是中餐食品雕刻中较为基础的一个技法，几乎就是那一眼，他就觉得："这个好！"所以当时他就决定去学了。

是啊，年轻的时候不去做喜欢的事情，要等到何时呢？难得在合适的时间里遇见对的事。

之后，王胜老师在自己的业余时间，开始跟着这位师傅学习雕刻萝卜，他说："这位师傅对我的影响很大，雕刻是我对食品工艺最初的牵引。"从食品雕刻开始，在之后的日子里，王胜老师慢慢地接触到了面塑，以及后来对糖艺的学习。虽然食材在慢慢变化，但是对于老师来说，其实技法都是相通的。

他解释道："技术是差不多的，一个东西做多了，我就会想试试能不能做出其他的东西来。每一次观摩和学习，都能发现很多新的可能。"在那段时间里，王胜老师接触了很多与食品工艺相关的短期课程，捏塑、糖艺……五天的课程、十天的课程……每一次都能接触到新的知识，他对食品工艺的兴趣也越来越大，技术能力成长得非常快。

两年后的某一天，王胜老师的一位朋友邀请他一起去参加一个比赛——我是主厨上海烘焙大师赛，这是当时国内为数不多的关于食品工艺的专业技术比赛之一。王胜老师说："说起来挺搞笑的，最后我那位朋友没有去成，反而是我自己去了。"

说到这，大家可能都笑了，大家是不是觉得这样的故事剧情有点熟悉，生活就是这样"无巧不成书"。

当时王胜老师参加的是糖艺项目，并且获得了第三名的好成绩。这个比赛是他第一次接触专业赛事，这个名次让他收获了职业生涯中的第一个奖牌，同时，也给他带来了一次职业转变以及事业升级。赛后，王胜老师得到了王森教育集团的邀请，正式成为了王森咖啡西点西餐学校（下称"王森学校"）的一位糖艺老师。

通过王森学校的平台，王胜老师接触了更丰富、更广阔的技术领域。技术的突飞猛进使他在 2016 年的时候被集团提拔到了专业赛事委员会中，从此，王胜老师开始了自己的比赛和教练生涯。

比赛：突破是必要条件

从 2016 年开始，王胜老师接触了很多国际赛事，一路磕磕绊绊，从无名次到如今国际赛事的冠军，经历了四年时间，心路却已走到了另一个天地。

在 2017 年的亚洲西点师竞技大赛上，王胜老师第一次和国际选手同台竞技，他感慨道："那次真是一路懵到底了，比赛环境、比赛心理都和心理预设差别很大，应变能力还差很多。"

比赛结束后，王胜老师坦然说是很沮丧的，但是在直面结果的时候，他也很清晰地看到了自己的不足和缺陷。比赛很残酷，优缺点都会被极大地暴露出来，很直接。但从另一个方面来说，学习、进步和改变的针对性训练就可以非常快速和精准了。"每一次比赛，都能感觉到自己在成长。相互学习是其一，最主要的是能够逼迫着自己进步，如果要参加比赛，就必须要有突破，这是必要条件。"

近几年，国内烘焙行业在国际赛事中已经越来越出彩，让我们看到了行业的前沿力量。作为观众的我们可能更在意的是结果与产品，但是参赛选手经历的变化，或许更值得我们从业人员与技术人员借鉴和学习。现在回顾这些年的比赛历程，王胜老师说："以前对技术和产品的理解都很浅，即便现在我也不能说可以完全理解。见到的东西越多，越会觉得自己还需要懂很多知识。"

"理解"是一个比较深奥的词，每个人对于理解的概念都不一样，理解程度不一样、方向不一样、思维不一样，所以即使是同一个东西，不同的人做出来也会不一样。"以前我做东西就像是'按方抓药'，一些大师的配方和流程是什么样的，我就按照那样做，虽然结果可能是一模一样的，但是却不知道所以然，我呈现的也只是别人的价值和复制的价值。而现在我更注重的是学习和创新，开始理解学习中每一个步骤的意义，理解每一个材料和工具的特性，也会在产品中更多地融入了自己的思想和设计，虽然做出来的东西和原设计一点都不一样，但是它的价值也就不一样了。"

UNDERSTANDING OF TECHNOLOGY AND PRODUCTS

在每一个阶梯上，你所看到的东西都是不一样的，这是学习和成长带给我们的财富。在这段时间里，王胜老师与其他团队成员在参与每一次比赛的过程中，都慢慢地有意识地在产品中加入了我们国家独有的元素。在这次比赛的甜品设计中，老师们就用到了我们中国特有的茶。工艺设计中的模具样式也是前所未见的，连评委老师都接连感叹："我需要仔细看看你的模具。"

"我们在国家赛事上越来越有参与感了。"这是王胜老师对于近几年比赛的感触，但同时他也提出需要注意过犹不及。他补充道："作为舶来品，我们是学习者，有时特别想把我们国家好的东西都展示出来给其他国家的人看看，但我们作为新人，在甜品和工艺领域中，我们中国的元素对其他国家的人来说还是比较新的，所以我们要循序渐进，让别人喜欢，而不是让人觉得摸不着头脑。"

（艺术：美食技术的极致追求）

如果在五年前询问王胜老师，制作一个产品需要准备些什么，他可能会回答："配方和制作流程。"现在要准备的可就不止这些了。烘焙行业的工业化进程依然在大步推进中，它对手工业的冲击现在还不能盖棺定论，但是手工业与工业化的区别是每一个技术人员都明白的事实 —— 工业化的产品没有灵魂。但是反过来思考，难道每一个手工产品就一定要有灵魂吗？不是！这个答案也是毋庸置疑的。

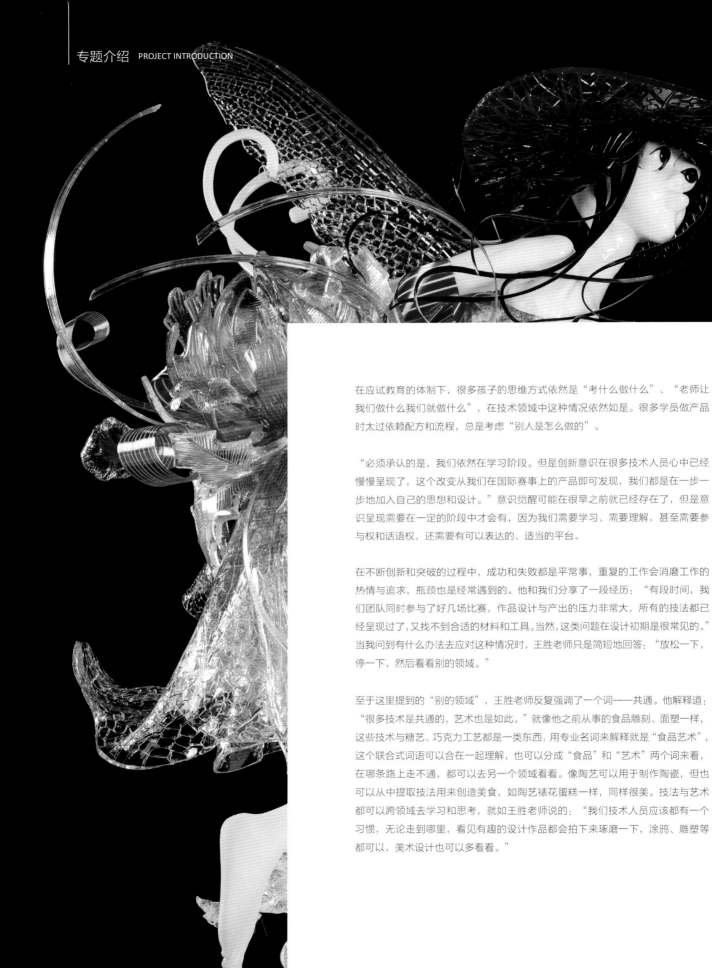

在应试教育的体制下，很多孩子的思维方式依然是"考什么做什么"、"老师让我们做什么我们就做什么"，在技术领域中这种情况依然如是。很多学员做产品时太过依赖配方和流程，总是考虑"别人是怎么做的"。

"必须承认的是，我们依然在学习阶段。但是创新意识在很多技术人员心中已经慢慢呈现了，这个改变从我们在国际赛事上的产品即可发现，我们都是在一步一步地加入自己的思想和设计。"意识觉醒可能在很早之前就已经存在了，但是意识呈现需要在一定的阶段中才会有，因为我们需要学习、需要理解，甚至需要参与权和话语权，还需要有可以表达的、适当的平台。

在不断创新和突破的过程中，成功和失败都是平常事，重复的工作会消磨工作的热情与追求，瓶颈也是经常遇到的。他和我们分享了一段经历："有段时间，我们团队同时参与了好几场比赛，作品设计与产出的压力非常大，所有的技法都已经呈现过了，又找不到合适的材料和工具。当然，这类问题在设计初期是很常见的。"当我问到有什么办法去应对这种情况时，王胜老师只是简短地回答："放松一下，停一下，然后看看别的领域。"

至于这里提到的"别的领域"，王胜老师反复强调了一个词——共通。他解释道："很多技术是共通的，艺术也是如此。"就像他之前从事的食品雕刻、面塑一样，这些技术与糖艺、巧克力工艺都是一类东西，用专业名词来解释就是"食品艺术"，这个联合式词语可以合在一起理解，也可以分成"食品"和"艺术"两个词来看，在哪条路上走不通，都可以去另一个领域看看。像陶艺可以用于制作陶瓷，但也可以从中提取技法用来创造美食，如陶艺裱花蛋糕一样，同样很美。技法与艺术都可以跨领域去学习和思考，就如王胜老师说的："我们技术人员应该都有一个习惯，无论走到哪里，看见有趣的设计作品都会拍下来琢磨一下，涂鸦、雕塑等都可以，美术设计也可以多看看。"

您的身份是什么？您的职责又是什么？这是在任何时刻都可以问自己的问题，不仅仅只适用于工作场合。身份的每一次变化都伴随着职责的转变，良好地去适应每一次的改变就会有不同的价值体现。

王胜老师在做技术师傅时，他觉得自己最大的职责就是做好自己的事情，如他所说："顾好自己，不给别人和领导添麻烦。"这可能是我们大多数职场人的真实感受。

ADAPTING TO EACH CHANGE WILL CREATE DIFFERENT VALUES

后来成为王森学校的老师以后，他需要面对很多不同性格的学生，这对于王胜老师来说有一定的难度。他说："对每一个学生负责是一件很有挑战性的事情，这个责任也很大。在教学过程中，我会尽我所能让每一个学生都能够理解制作中每一个步骤的意义。虽然手把手的教学有点笨，但是可能效果是最直接的，针对性很强。"

而他现在的工作身份除了作为比赛选手外，还有一个非常重要的身份——教练。"对现阶段而言，和老师一样，教练的社会感同样强烈。"王胜老师进一步介绍道："我能真实地感受到我们的行业越来越好，从业人员也越来越多，还有就是我们的水平在快速地与国际靠近。在行业发展中，技术的传承和开拓不能断代，我们特别需要一波又一波人来推动行业进步。"

关于"断代"，常常参加国际赛事的王胜老师有很深的体会："日本的行业地位一直都比较高，很关键的因素是从上个世纪开始，他们的技术传承从未阻断过，还有就是行业协会的辅助。在国际赛事中也常常能够看到马来西亚的选手，但是参赛的却总是那些人，很少能看到新人，这样的发展状况其实挺让人担忧的。如果发生技术断代的话，很有可能会使技术原地踏步甚至退步，

这对行业发展很不利。"

王森教育集团在2016年左右开始组建"赛事委员会"，致力于培养新的行业顶尖选手，王胜老师是糖艺西点项目的主要教练之一。在这里除了给选手教导技术外，更重要的是培养选手的思维方式与应变能力，"每一次比赛会遇到什么，其实都是不可控的。在选手的日常训练中，我们会故意'刁难'他们，比如把工作环境的温度调到很高，再调到很低，偶尔碰落选手作品的一片花瓣，晃一晃作品的支架……单纯地去搞一些破坏，这些都可以训练他们的反应能力。因为在赛场上，能救自己的只有自己。"

技术就是在可控的范围内进行艺术塑造，在不可控的领域里随机应变。随时等待着的下一步是惊喜，还是惊吓？结果是会出现一个艺术品，还是一个废品？这都需要制作者自己去考量，好的作品需要随缘，也需要一点随遇而安的沉稳。

先锋者可以引领最好的时代，最好的时代可以培育出最优秀的传承者。在理想的生活里，我们应该抱着最好的期待等待着我们这个行业走向更好的时代。

脚踏实地，方能仰望星空
——揭秘冠军作品的制作诀窍

Writer ‖ 霍辉燕　　**Photographer** ‖ 刘力畅

在前不久刚刚结束的第四届亚洲西点师竞技大赛中，精美的参赛作品令现场观众称赞不绝。尤其是获得最佳作品奖的巧克力雕塑和糖艺作品，其色彩搭配、整体设计和对作品细节的绝妙处理，令评委都惊叹不已。不论是糖艺底座，还是糖艺中精灵细致的翅膀花纹等，都是此次获奖作品的亮点。

冠军的产生并不是一蹴而就的，因为其不仅要求制作者拥有坚韧不拔的毅力和高超的技术，还需要具备不断创新和临场应变的能力等，本文将带领大家一起揭秘这些获奖作品的制作诀窍，领略其作品的闪光点。

DOWN TO EARTH
YOU CAN LOOK UP TO THE STARS

▶ 造型主体的选取

一般工艺造型都是由符合主题的主体（人物、动物等）和其他配件组成。本次王胜老师获奖的作品主题为"精灵"，作品以精灵为主体，森林为基础，体现了人与自然和谐相处的情景，表达了制作者对大自然的喜爱之情。在工艺造型的设计中，不论是糖艺造型，还是巧克力造型，其主体主要分为卡通型、仿真型和抽象型这三种。了解这几种主体的主要特点，对造型主体的设计起着重要的作用。

卡通型

卡通型的主体较符合比赛中作品所需的张力，制作者通过对主体某一部位的特别处理，可以表现出作品主体的特色。比如在制作卡通人物时，可以根据个人需求将其面部表情做得夸张一些，赋予其鲜明的性格，给人留下无限的想象空间。

仿真型

仿真型的主体过于具象，给人想象的空间较小，因此很少将其应用到工艺造型中。在制作仿真型的主体时，若是有一个部位制作得不到位，产品的整体会显得很怪异，进而影响其呈现的效果。

抽象型

对于抽象型的主体，在没有制作者阐述的情况下，人们很难准确地捕捉到作者想要表达的内容，所以一般不建议在比赛中使用。因为在大部分的比赛中，评委打分时选手是没有机会阐述作品的相关信息的，若是加上作品的主题表达不明确，很有可能影响得分。

因此，在比赛及日常制作中，制作者会以卡通型、抽象型或卡通抽象相结合使用。需要注意的是，当卡通型与抽象型相结合时，最好还是以卡通型为主。

▼ 糖艺造型篇

在制作糖艺造型时，若想使光泽度达到最佳，需要在一般的制作基础之上，将材料进行特殊处理，另外，选用合适并且高效运作的工器具也尤为重要。

○ 工器具的应用方面——软玻璃

除了一般制作糖艺造型所需要的工具，软玻璃在糖艺制作中发挥了重要的作用。市面上不同种类的软玻璃，其应用的范围也会有所不同。

※ 软玻璃的种类：

国内的软玻璃有软质和硬质两种，在制作糖艺造型时，建议选用软质的软玻璃，操作起来较为方便。除此之外，日本生产的软玻璃也是不错的选择，因为其具有较好的记忆性，当它进行折叠压制后依然会恢复成原来的形状，并且表面不会出现褶皱。

※ 软玻璃的应用范围：

不同厚度的软玻璃应用的范围也不同。较厚的软玻璃支撑力较强，一般应用于糖量多、糖体较大的制作中，不易变形；较薄的软玻璃常用于糖量少、糖体较小的制作中，在后期糖体冷却、拆开软玻璃时，不易出现糖体破碎的现象。

※ 小贴士：

糖艺造型中不同部位所选用的软玻璃厚度参考：

制作部位	软玻璃厚度
支架	0.5 厘米
叶子	0.3 厘米
水钻	0.2 厘米 ~0.3 厘米

THE SECRET OF MAKING CHAMPION WORKS

※ 刻制软玻璃的技巧：

若是想要制作出来的糖体更加透亮，掌握好软玻璃的刻制也是不容忽视的一环。下面以此次得奖的糖艺造型中精灵翅膀的制作为例向大家介绍。

※ 制作过程：

用小刀在翅膀形状的软玻璃表面刻出纹路，再倒入处理好的透明糖即可。

※ 刻制软玻璃的技术点：

将刀放在软玻璃上，倾斜 45 度角，在需要刻制的地方左右两边各划一刀，使纹路形成一个较好的折射面，后期制作出来的糖体会更亮。

UNDERSTAND AND USE THE TOOLS

软玻璃和硅胶模具的区别：

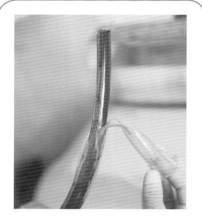

软玻璃

软玻璃的密度较小，并且表面非常平整光滑，用其制作的糖体在后期冷却时比较透亮。（图为用软玻璃制作的糖体，脱模后，糖体表面依然透亮。）

硅胶模具

硅胶模具的密度较大，用其制作的糖体表面会有一层雾面（空气），后期必须使用火枪加热糖体的表面才会令它呈现出透亮的效果。（图为用硅胶模制作的糖体，脱模后，其表面较朦胧，无透亮感。）

INGENIOUS HANDLING OF THE BASE

○材料方面——底座的巧妙处理

艾素糖因其独特的操作性能，成为制作糖艺造型的主要材料。而本次糖艺造型底座的制作，王胜老师选用了一部分白砂糖，利用白砂糖返砂的这一原理，使返砂糖与透明糖结合，返砂糖在底部，透明糖在上部，形成一种对比反差，使得透明糖显得更加透亮。值得一提的是，在评分的时候，评委一度怀疑该底座是由玻璃制成的，在查看底座的制作模具之后，对其大赞，此处运用之巧妙，令人惊叹！

○应变能力方面——彩带的拉制

彩带根据颜色划分为单色面和双色面两种，在拉制彩带时最重要的便是对温度的掌控，这个温度包括糖体的温度和操作的室温。双面颜色不同的彩带使用的糖块更多，在操作时，一方面要保证各个糖块的温度均一，另一方面室内的温差不能太大，二者缺一不可。

在比赛时，因为环境的不确定性，需要选手具有很强的应变能力，才能高效地完成作品。王胜老师在比赛场地制作彩带时，因其背后刚好是空调的位置，他便使用纸盒子将空调出风口处进行遮挡，降低了操作室温对彩带拉制产生的影响。若是不进行遮挡，会使彩带置身于室内温差较大的环境中操作，因为彩带本身非常薄，在拉制时，糖体的温度会出现不均一的现象，极易破碎。

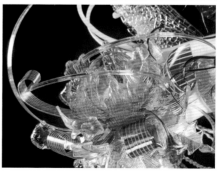

○操作小技巧分享——糖体拼接与上色

※ **糖体拼接方面**

本款糖艺作品中的精灵等部件在拼接时，将其拼接点处理得平整、无疤痕也是制作中非常重要的细节。

糖艺拼接的方式有两种，一种是使用火枪分别加热糖体，再进行拼接，另一种是利用颜色较浅的糖体（或无色透明糖）进行粘连。在拼接时会有多余的糖体溢出，那么用什么方法才能保证拼接点是平整光滑的呢？

一般方法	进阶方法
用手直接去除多余糖体即可。该方法不建议经常使用，若是糖体温度过高，会有烫伤的风险；若是糖体的温度过低，用手抹制时，会留有指纹，影响糖体的亮度和整洁度。	借助工具去除多余的糖体。王胜老师在此次比赛的处理中，使用刮刀快速刮除多余的糖体，使拼接点达到平整、无疤痕的状态，一定程度上避免了"一般方法"中出现的问题。在没有刮刀的情况下，还可以将软玻璃裁成小块状，再进行刮制。

※ **小贴士：**

在使用火枪进行拼接时，若出现糖体烧煳的情况，此时有两种方法可以应对。

方法一：当糖体烧煳的情况较轻时，可以使用与糖体颜色相同的色素进行喷色，作为遮挡和过渡。

方法二：可以在烧煳的部位放一个符合主题的糖艺小配件。

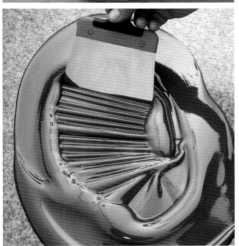

※ **上色方面**

在制作糖艺造型时，上色是重要的一环。糖艺上色的方式多种多样，可以在熬糖时或熬糖后进行调色，还可以根据所需在成品上进行喷涂上色。此处着重介绍喷涂上色。

喷涂上色操作难度较高，稍有不慎，不仅会影响糖艺造型的整洁度，还会使造型出现返砂的现象。在运用喷涂的方式上色时，应当具体问题具体分析。

（1）若是将色素喷涂在透亮的糖皮上，要控制好喷涂的量，尽量少喷。

（2）若是将色素喷涂在折叠充入空气后的糖体时，必须满足以下条件：

⊙糖体的温度必须保持在 40℃ ~50℃，该温度可以使色素中的水分在短时间内得以蒸发。

⊙ 糖体本身的颜色必须为深色系，喷涂的量尽可能多一些，后期在糖体表面会形成一层色素膜。

○糖艺制品的操作环境

一般而言，糖艺的操作温度在 20℃ ~22℃，湿度在 30%~40%。对于参赛选手来说，比赛的操作环境是不可控的，需要自己去尽力地适应环境。因此在平时的训练中，王胜老师会人为地设置产品操作的环境，加大训练的难度，从而锻炼出更强的赛场适应能力。

STRONGERADAPTABILITY TO COMPETITION

▼ **巧克力造型篇**

○温度

制作巧克力时，温度特别重要，其中包括巧克力的操作温度和室温。

○调温

关于巧克力调温，其形式多种多样，除了播种法、大理石调温法等，还有一种用来救急的调温方法，只需在巧克力中加入一种经过特殊处理的可可脂粉末即可。这种可可脂粉末市面上有售，购买即得。

急救法调温的原理

该可可脂粉末里面具有稳定的结晶体，将其放入巧克力中，可以使巧克力中的结晶体达到稳定的状态，以达到调温的目的。

急救法调温具体操作

将巧克力化开至 33℃ ~35℃，再加入 1%~2% 的可可脂粉末，最后用均质机搅拌均匀。

※ 小贴士：

1. 该方法的操作难度较大，对巧克力的温度要求极高。如果巧克力的温度太低，可可脂粉末不会完全化开；如果巧克力的温度太高，可可脂粉末中稳定的结晶会受到破坏。

2. 该方法一般不会经常使用，只用于救急。平时制作巧克力制品时，还是使用常用的调温方法最好。

OPERATE ACCORDING TO THE CHARACTERISTICS OF CHOCOLATE

模具的操作温度	可可脂的操作温度
18℃	32℃
20℃	30℃
22℃	27℃ ~28℃

○操作温度——模具喷涂时出现的问题及解决方案

在对模具进行喷涂时，后期模具表面的可可脂会出现脱不下来的情况。出现该现象可能有以下两种原因，需要认真分析，对号入座，方能解决上述问题。

（1）模具（或胶片纸制的模具）的表面不干净，在使用前须用棉花球配合酒精擦拭模具。

（2）温度方面：温度方面包括模具的温度和可可脂的操作温度，二者必须是相互配合的，一方温度改变后，另一方的温度也必须有所调整。左侧的表格显示了二者在操作时各自对应的温度，不可弄混。其中模具的温度和室温是一致的，如果想要降低模具的温度，可以将其放在冰箱中，冷藏片刻后再取出使用。

对于巧克力的制作，要遵循其调温和操作的原理，不可操之过急。巧克力的最佳操作室温是在 18℃ ~22℃，需要特别注意的是，喷涂上色后的模具最好室温放置 2 小时，给其充分的结晶时间。若该模具需要一层一层地喷涂上色时，要等每一层颜色结晶之后（即表面完全凝固即可，不需要放置 2 小时），再进行下一层颜色的喷涂。因此在比赛中，选手一般会先喷涂模具，再进行其他操作，给可可脂充足的时间结晶。一些工厂在制作巧克力时，也会提前进行模具的喷涂，经过一段时间，甚至隔夜后，再进行后续的制作。

○设备方面——巧克力泥的制作"神器"

巧克力泥具有一定的塑形能力，在造型中，常常以条状呈现在大家面前，使整体造型具有线条感和设计感。纯可可脂巧克力泥的制作有以下两种方法。

（1）将化开的巧克力与葡萄糖浆以 3:1、4:1 或 5:1 的比例进行混合，冷却后使用。

（2）直接将固体巧克力放在 ROBOT-COUPE 均质机中，经过机器的高速运转将其磨成粉状，又因为搅拌过程中摩擦生热，使得巧克力微微化开，搅打成泥状，可直接使用。该方法操作简便，效率高。

以下是在巧克力制作中经常遇到的问题，希望老师的回答能对您有所帮助。

Q 多次调温的巧克力在后续使用时为什么不用调温就可以直接凝固呢？

因为前几次的巧克力调温是非常成功的，结晶体特别稳定，当巧克力再次调温的时候，其内部好的结晶体没有完全被破坏掉，虽然巧克力在后期会凝固，但是其内部的结晶效果是不好的。

王胜老师表明，不建议这样操作，巧克力调温是关键，不可偷懒。在技术方面，不论是巧克力还是其他产品，都怠慢不得，要实打实地进行操作，千万不能存在侥幸心理。

Q 多次使用的纯可可脂巧克力和新的纯可可脂巧克力在使用时的效果有什么区别吗？

巧克力是可以重复使用的。多次使用的巧克力和新的巧克力相比，前者的可可脂含量会减少，使巧克力变稠（每次喷涂可可脂的巧克力造型除外），此时可以添加适量的可可脂，用来调节其稀稠度。

除此之外，二者最大的区别便是多次使用的巧克力中会有水分进入。不论是空气中还是在具体的操作中，水分进入巧克力中是不可避免的，这就会使巧克力内部结成颗粒，只要在使用时将颗粒过滤掉即可。

▶ 整形蛋糕篇

○蛋糕回温的必要性

一般冷冻型的甜点都有最佳的品尝温度，这就需要将其回温，使其释放出最佳的风味。

○蛋糕回温的方式

蛋糕回温的方式有很多种，一般门店会将其放在冷藏柜中，也有人会将其放在醒发箱中（设定冷藏功能），除此之外，将其直接放置在室温下回温也是不错的选择。根据蛋糕种类的不用，其回温方式也会不同。中空环形的产品在回温时可以将其直接放置在室温下，掌握好回温的时间即可；而实心的产品，就不适合室温放置，否则会出现蛋糕的中心温度与边缘温度不均衡的现象，具体的表现便是蛋糕的外部很软，其中心却还是处在较硬的状态。因此，实心的产品一般会放在冷藏柜或醒发箱中进行回温。

本次比赛中，王胜老师制作的整形蛋糕为实心型，由于设备有限，在给蛋糕回温时，他选择将其放入一个内部温度相对稳定的类似于蛋糕盒子的小空间里，缩小蛋糕内部与外部的温差，使回温时的内外状态达到一致，确保蛋糕达到最佳的品尝状态。

○蛋糕回温的温度

一般来说，甜点最佳品尝温度的参考范围在 8℃~14℃，但是不同类型的甜点，品尝的温度也不同。

王胜老师表明，在比赛规则中，对于整形蛋糕并没有严格的温度要求，选手要根据自己产品的配方和口味进行调节。此次王胜老师的整形蛋糕为巧克力风味，他根据该产品的风味，将品尝温度设定在 10℃~12℃。

无论是对赛场环境的应变能力，还是对产品的不断探索与创新，都需要脚踏实地，一步一个脚印地前进着，把每一次产品制作当作比赛，严格地要求自己，这不仅是对作品负责，更是对自己的一份期望。加油！依旧行走在糖艺西点和烘焙之路中的人们。

水果口味	巧克力口味
最佳品尝温度在 10℃~11℃	一般在 12℃~13℃，较高的品尝温度，可以使巧克力的风味在品尝时更好地散发出来。

中国 ▪ 杭州

sensory cells 感官细胞咖啡
打开你的味蕾，全方位感官沉浸在咖啡世界

By || 鸿烨

生活当中总是有着无数个"路遇的美好"，探店期间正值"十一黄金周"，街道上到处都能看到五星红旗，也不知怎的，内心有种莫名的兴奋感。也许越长大越觉得自己多了一份民族自豪感，感谢在这样一个和平年代，在无忧的生活里还可以自在地品味着咖啡。不经意的转身，也许还能遇到老建筑外墙体上的彩绘艺术，这就是生命里点滴珍贵拼凑的那份喜悦吧。

最近杭州又开了很多家新的咖啡店，关于感官细胞，从它刚开业我就一直很想去，所以特地安排了一个周末，一大早就前去，准备喝到满足。每天开门非常早的咖啡馆在杭州不多见，感官细胞算是其中之一吧，早上 8 点就准时和大家见面了。想着"早起的鸟儿有好咖啡喝"，于是在周六早上 10 点我就到了店内，还以为我会是比较早的客人，没想到这里已经开始外卖生意啦。这就是位于杭州湖墅南路 95-1 号的 sensory cells 感官细胞咖啡，典型的社区型店铺。

湖墅南路算是我在杭州每次到访时都能感受到浓郁生活气息的一条街道，街上总是有熙熙攘攘的车辆与人群。在这附近工作、生活的人们，不管是工作日还是周末，都会开启一天的忙碌。这里的外卖生意也是相当得好，其实我到店的时间对于周末时间来说算是比较早的，可是店内的咖啡师已经开始忙碌了。

感官细胞的店内面积并不大，和多数杭州的小型独立咖啡馆一样，长方形的格局，吧台占据着绝对空间。在吧台对面设置了长条形的客座，不管是坐垫还是放置咖啡的边桌都是可以随意移动的。具有共享意味的空间设计，使人们在这里的交流互动成为了主旋律。

对于面积不大的店铺来说，要充分利用空间，并营造温馨的环境。感官细胞也想要给予客人这样的到店体验，于是在内侧布置了一个温馨的榻榻米。在这里你可以和好友相聚，还有一个小帘子，这个相对私密的小天地就是你度过欢乐下午茶时光的最佳地点。动静相宜的格局，可以满足不同客人们的需求，在这里也算是自得其乐了。在店内可以看到墙壁上的菜单，清晰明了，同时产品也相当的平价，让我对其出品充满了期待。

这里的意式豆子有三款，常规的有偏向坚果香和果香两种，还有一款红樱桃 SOE，于是我先点了一杯奶咖，点了一杯小 Dirty（选择红樱桃 SOE）。在这里有各种不同的组合方式，你可以随时和咖啡师交流，说出你所想要的口味。我觉得咖啡馆的"客制化"，永远会成为牵动人们味蕾的那根弦，你总会在感知不同变化和体验的同时获得那份惊喜与认同感。

等待出品的时间里，我在感官细胞的店内看了看每个角落里的细节。其实不管在哪个咖啡馆，你都能找到一些细节，也许是让人会心一笑，也许会觉得很可爱童趣，当然也会有点匪夷所思。总之发现细节的过程也是一种别样的体验，至少我很享受那种发现与交流，并且瞬间理解了那些潜在梗的小情节。有时候就是这些不经意间发现的小事物，反而会给你特别的启示。生活里无处不充满着疑问甚至是不解，同样答案也无处不在。用心发现，你总能找到解法。

这里整体的空间氛围还是非常简单清爽的，细节上也不乏有几分童趣的意味，一方面增强了亲切感，另外也让人可以感受到那份简单与美好。在这里的每一处装饰都营造了一种锦上添花的配饰感，多一个可能会觉得太满，少一个又会觉得太空，总是在恰到好处的地方放置了一份属于生活里的"幸运吉祥物"。

参观结束的时候，刚好我的 Dirty 也做好了。其实关于 Dirty 的饮用方式我还是推荐短饮，几口就下肚，不要间隔太久去喝。刚刚端到面前的时候，下层冰牛奶还没有和浓缩咖啡完全融合，我觉得此时入口是绝佳的，喝的时候感受上层红樱桃 SOE 的果香气息，底层的牛奶会随着倾倒从底部上翻搅动起来，形成了入口的融合感，所以你可以非常清晰地感受到由浓缩的轻柔果香转变为后半段焦糖般的甜感，整体伴随着口感的丝滑度，实在舒服极了！

啡香之旅

不同的意式豆子还能成就不同口感的 Dirty，有些会更饱满扎实，有些坚果巧克力的风味更足，完全可以凭借你的个人喜好来选择最适合自己的那一杯奶咖。这款 SOE 的果香很浓，所以前后风味的延展与变化非常的清晰，不过喝到最后当牛奶和浓缩咖啡完全融合后，果酸会上升一点，少了甜感的体会，所以还是要尽快喝啦！如果只喝一杯 Dirty 怎么会尽兴呢？感官细胞的手冲咖啡自然也是不能错过的。事实证明，我觉得这里的手冲咖啡简直就是宝藏，强烈建议大家来到感官细胞后一定要喝咖啡师冲煮的手冲哟！

感官细胞的手冲咖啡相对来说也比较平价，在这里也是精选了一些比较经典的豆子产区，于是我选择了一款挚爱的花魁。我之所以说这里的手冲咖啡让我感觉更为惊艳，除了冲煮出品的咖啡真的特别好喝之外，在与咖啡师交流的过程中，你会发现他会根据不同产区的豆子的特性，在冲煮过程中会采取不同的冲煮策略以及不同的处理方法，不同硬度的豆子，在冲煮环节的给水、注入的流速和方式都会有所不同。

A SPACE TO OPEN AND RELEASE YOUR SENSES

每支单品豆子都是经过杯测后才会上架出品，咖啡师显然对他的豆子了然于心，每支豆子今天是什么状态，应该怎么冲煮才能将风味最大化地释放出来，这些除了经验之外，也依赖于咖啡师自身对于冲煮咖啡这件事的一些态度。我很开心且可以说感到意外的是，在他之手冲煮后的出品，你可以非常清晰且直接地感受到不同豆子所侧重的最具辨识度的风味。我喝过太多次花魁了，显然花魁的风味在我内心是存在一个既有印象的。当出品后刚刚嗅到的一瞬间，我就倒退了两步，是真的被那久违的香气而折服，这花果香气太棒了！那种花果香气让人感觉既亲切又上瘾，花魁特有的那种类似玫瑰花香的味道，总是让人印象深刻。天然的莓果酸质，以及独特的红茶尾韵，让你的味蕾瞬间就绽开了，实在太棒了。

每到一家咖啡馆似乎总是会被开启"投喂模式"，一杯 Dirty 和一壶花魁下肚，显然我已经进入状态了。而后老板给我冲煮了荔枝兰，这应该算是近一年来比较火爆的白兰地橡木酒桶发酵的洪都拉斯，再在蓝底橡木酒桶中低温发酵 30 天~40 天，而后再进行荫干晾晒。我最早测评过荔枝兰，自己喝过一两包豆子，在外面的咖啡馆也喝过，但这次我在感官细胞店内喝到的算是从今年咖啡展以来，冲煮最棒的一次，风味展现得实在太到位了！整体荔枝酒的风味非常的明显且具有确定性，能将豆子冲煮的风味以一个较为干净清晰的方式来表达，尾韵没有杂味，也是一件比较难得的事情。同时，你还能感受到类似桂圆干和蜂蜜交融的风味，太舒服了！

这里出品奶咖，融合度很棒，直接形成了镜面感，出品的单品咖啡又能让风味得到很好的展现，这里的咖啡师还会用不同的豆子来做不同的 Dirty，以此可以感受到咖啡的多面性。后来我还喝了一支手冲烛芒，口感也是非常干净舒服，果香很饱满。在感官细胞，我从上午 10 点多一直喝到了将近下午 1 点，一直都沉浸在咖啡的世界里，这是一个让自己的感官全方位地打开与释放的空间。不为别的，只为喝到嗨！

Ninina Bakery Cafe

咖啡馆就像是冬日里的暖阳

By || 郑鲨鱼

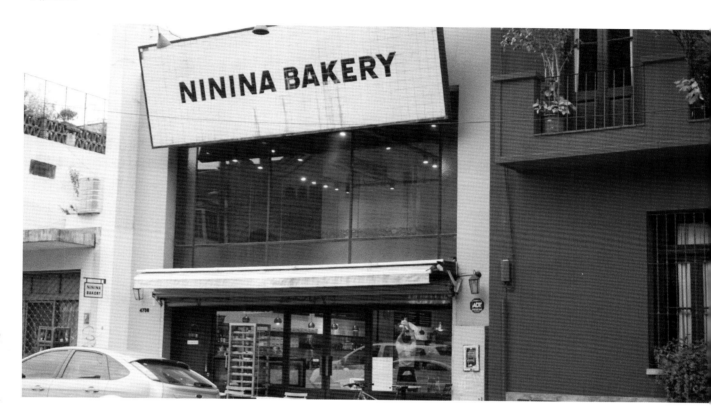

在我来到布宜诺斯艾利斯以前，Ninina Bakery Cafe 就在我的愿望清单里了。到这以后，因为时差的缘故，我们前几天都是五点就自然醒了。而南美洲的店铺基本都是十点或十一点开门，甚至有的咖啡餐馆要到下午两点才开始营业。幸好，Ninina Bakery Cafe 早上八点就营业了。

Ninina 在当地算是小有名气的咖啡简餐店，整个布宜诺斯艾利斯一共有三家店，一家在美术馆，一家在大学城，还有一家就在我们居住的地区。我们第一天去的就是这家位于 Jose Calle 的 Ninina Bakery Cafe。

那一天我们六点半出门，在天还没有亮的时候就游走在城市里，冬日阿根廷布宜诺斯艾利斯的早晨特别寒冷。我很喜欢早晨空荡荡的街道，街道上只有我们，以及美丽的建筑、色彩涂鸦和流浪的动物。

PASSION FOR
CAKE AND
COFFEE

在漫步一个半小时之后，我们在八点准时到达了 Ninina，而且我们是当日的第一批客人，并且连续几天我们都是第一批客人。天刚刚透亮的八点就是我在布宜诺斯艾利斯的咖啡时刻，也许是因为时差，也许是因为喜爱与习惯吧！

刚推开 Ninina 的大门我就被震惊到了，宽敞的店面、挑空的设计，都是我最喜欢的。店里的灯光明亮又温暖，放眼望去，就能看到整洁的吧台、展示区、商品区和玻璃开放式厨房。吧台上最吸引眼球的就是橙红色的 La Marzzoco 咖啡机，三家 Ninina 使用的都是同个品牌的咖啡机，只是型号不一样。二楼是化妆间、储藏室和教学区，Ninina 定期会有面包和蛋糕的烘焙教学，学员们可以直接在官方网站报名参加。

在 Ninina 的展示柜里整齐地摆放着吐司、曲奇、可颂、切片蛋糕、整条磅蛋糕和巧克力坚果等，看起来十分美味，让人食欲大增。下午时分，店里来了很多外带蛋糕的顾客。在南美洲，甜点似乎是当地人的每日必需品，他们对蛋糕的热情是满分的。你会发现，白天展示柜内摆放得满满的蛋糕，到夜间就全部卖完了。

Ninina 和很多当地的有机农产品品牌合作，譬如橄榄油、黑醋等。点餐的时候店家会赠送自家烘焙的餐前面包，配以这些品牌的橄榄油和黑醋来蘸面包，这样客人就可以尝试到这些优质的产品，并且随时能在店里买回家。还有一杯或一瓶分量的红酒、当地的自酿啤酒等，这些产品在店里都可以买到。用店里的产品去证明口味，无疑是最好的产品展示与广告。

当然，Ninina 的价格比起其他当地的独立咖啡馆来说会贵一些，但我们一致认为它物有所值，甚至物超所值。Ninina 的菜单有英文和西班牙语两种语言，它是一张很大的菜单，我很喜欢这样的菜单，设计简洁，却把每一道菜和饮品的成分都写得清清楚楚。

我们总共到 Ninina 四次，其中三次是在 Jose Calle 这家。我们尝了意式咖啡、冷萃单品咖啡、鲜榨果汁，还有南美洲最著名的马黛茶。不得不提一下 Ninina 的马黛茶，其中加入了香料，形成一个很独特的配方。入口有淡淡的肉桂苹果味，在冬天喝一壶真的十分舒服。比起奶咖，我个人更喜欢这里的冷萃单品咖啡。冷萃咖啡使用的是肯尼亚或者哥斯达黎加咖啡豆，两款都很清爽，特别是肯尼亚咖啡豆，豆子的香气就像被冰封了一样，就算是冰块融化了一些，入口依然芳香，让人难忘。虽然到访的时间是冬天，但是在开着暖气的室内喝着冷萃咖啡也是非常享受的。

Ninina 最贴心的一点是，无论客人点茶还是点咖啡，店家都会附赠当日搭配的甜点，有时候是布朗尼，有时候是柠檬磅蛋糕或者曲奇，所以我们在店内都没有单独点过甜点。就在店里的用餐体验来看，个人最喜欢的四款餐食分别是：早餐的牛油果吐司和三文鱼贝果，午餐、晚餐的招牌汉堡和海鲜意大利面。

A CAFE IS LIKE A WARM SUN IN WINTER

来到南美洲，我们吃得最多的早餐就是牛油果吐司，无论在哪个独立的咖啡馆，它都是早午餐必备的餐食。也难怪，毕竟南美洲盛产牛油果，在街头随便就能看到小贩在售卖，大约 15 元人民币就能买到一袋，对于爱好牛油果的旅行者来说，简直太幸福了！每天都有美味的牛油果，非常健康。

三文鱼贝果中的烟熏三文鱼，量多到要分开吃，性价比非常高，三文鱼也很新鲜。汉堡也是一点都不马虎，烤培根、芝麻菜、芝士、牛肉依次叠放在汉堡中，阿根廷的牛肉真是满分的美味，连搭配的薯条都是现切现炸的。同样的，海鲜意大利面也很美味，其中的意大利面都是店内手工制作的。

我还到访了位于布宜诺斯艾利斯美术馆一楼的 Ninina Bakery Cafe 分店，这一家店从开门开始就坐满了"充满艺术气质"的客人。坐在这里喝咖啡，简直是一种享受。纯白色的装修风格和美术馆一样，巨大的落地玻璃窗对着美术馆公园，阳光投射进咖啡馆内，在冬日里十分舒适。这一家店的选址也是完美的。

城市旅行，就是休闲一天，漫步，停下来喝咖啡，再逛美术馆。Ninina Bakery Cafe 能成为我们的最爱，就是因为这里除了咖啡与其他饮品，连餐点都是满分的。店里的服务员也很热情，每一家店的装修都很舒服，也很精致。一家找不到缺点的咖啡馆，大概说的就是这里吧！

■ 王森名厨中心探店计划
杭州钱塘江畔的甜点界新星

By || 王森名厨中心

王森名厨中心探店计划是专为王森名厨中心的学员设立的，从 2019 年 4 月起，我们的探店团队携手和泉光一老师陆续走入学员的店铺，为他们解答店铺经营中的困惑。本期我们探访的店铺是位于浙江省杭州市的 Sweet Elysees 慕惜舍，店主陈璟昀来到王森名厨中心进修，用三个月的时间正式踏上了甜点之旅。

Sweet Elysees 慕惜舍

店铺地址：浙江省杭州市峧龙路 108 号丽晶国际 2 号楼 1122 室
店铺面积：120 多平方米
日营业额：1000~2000 元

▲ **店铺经营理念：**
　把更加纯粹的法式甜点带给客人，让客人感受到甜点师的用心，吃到有感情的艺术品。

▲ **店铺发展方向：**
　目前店内的客流量不是很大，以后会增加更多私人定制产品与甜点制作课堂，也会增加甜品台的承接工作，建立自己的宣传渠道，扩大品牌知名度。

| 走进主理人 |

甜点师是很多女生梦想中的职业，店主陈璟昀也是怀着这样的梦想，从高中开始，她就爱上了烘焙，也拥有了人生的第一个烤箱。自从有了烤箱以后，她经常会做一些小甜点给家人和同学品尝。从那时起，她就萌生了想要开一家甜品店的念头。

2008 年出国留学期间，陈璟昀本想学习甜点，却因为种种原因，最终还是选择了其他专业。可是她心中的甜点梦却一直没有熄灭。回国工作五年后，她毅然决然地辞职来到王森名厨中心，正式踏上了甜点之路。从 2018 年年初开始选址、布置自己的店铺，目前已经营业一年多了。回忆起在王森名厨中心学习的时光，除了自己做甜品时遇到的问题都得到了专业的解答以外，更多的是真正深入地了解了法甜的魅力。三个月的时间，陈璟昀由半路出家的业余爱好者真正蜕变为一位优秀的甜点职人！

DEEPLY UNDERSTAND THE CHARM OF DESSERT

三个月的课程结束后，陈璟昀本没马上就开店的打算，考虑到自己没有任何开店、选址、经营的经验，她始终不相信仅凭自己的能力就能维持店铺的正常运营。但是既然已经为了甜点放弃了稳定的工作，那为什么不能拼搏一把呢？于是陈璟昀孤身一人，顶着酷暑与烈日，用了一个多月的时间去选址，找遍了杭州各式各样的写字楼、商铺等，才最终确定了现在的工作室地址。经历设计、装修、购买设备等一系列准备工作以后，也算完成了自己的梦想。

在接下来很长的一段时间里，她几乎只做一件事情，那就是没日没夜地研发产品。有时候坚持，仅仅是源于热爱。在店铺运营的一年间，陈璟昀成功地把自己的品牌发展到萧山区甜点口味榜的第二名。

| 慕惜舍初探 |

当我们的探店团队来到 Sweet Elysees 慕惜舍时，店主陈璟昀首先带领我们参观了她的工作室。这是一家藏于写字楼中的工作室，初次创业的她想要先从工作室开始做起，待品牌拥有一定的知名度以后，再继续往门店发展。

这间工作室给人的第一印象便是由外向内走去，豁然开朗。虽然暂时只是一间工作室，但是可以看得出陈璟昀花了很多的心思。店铺整体的装修采用的是轻 INS 风，让人很想走进这间工作室，在这里享受悠闲的下午时光。店铺的另一大特色是工作室的阳台，从阳台上就能远眺杭州的钱塘江。入夜，有了湖景、灯光的加持，这一个小阳台显得更迷人了，让人忍不住想要小酌一杯。就连陈璟昀自己也透露，这个阳台确实帮店铺吸引了不少顾客。当我们的探店团队参观工作室时，和泉光一老师一边参观，一边与店主探讨如何能让工作室更出彩。老师认为工作室的整体设计问题不大，本次改造计划的内容主要是在营销策略与产品方面要做出一些调整。

店主的困扰 & 和泉光一老师的改善建议

▲ **现状：** 目前店内很多产品仍在不断地改良中，因此还没有做宣传推广，有计划
通过当地媒体的宣传来增加客流量与品牌知名度。

Q：如何提升品牌知名度？

①由于工作室位于写字楼内，无法让更多行人了解到店铺的品牌，因此与其宣
传甜点或者品牌，不如将自己包装宣传出去。让更多人了解到甜点师个人，那
么人们自然而然地就会对甜点师的产品与店铺产生兴趣。

②要选定一款主打产品进行重点宣传。

③要以新鲜度为卖点，利用盘式甜点的装饰增加产品亮点，并且将新鲜制作甜
点的过程上传至网络，给人一种"看得见的新鲜"的感觉。

▲ **现状：** 目前杭州大多数消费群体仍然倾向于类似豆乳盒子、千层蛋糕这类大众
化的甜点，对慕斯蛋糕的接受度较低，人们普遍认为慕斯蛋糕量少、过甜，且
价格偏高。但是自己不想随波逐流，想继续做高端产品。

Q：如何应对大众对慕斯蛋糕接受度低的问题？

①增加产品的高度，使整体看起来更加立体。

②可以在产品表面增加一些新鲜水果的装饰，这样在颜色搭配上能够使甜点的
外观更加吸引人，还能提升产品的新鲜度。

③客人在店内食用的话，可以将甜点改造成盘式甜点的形式，增加一些摆盘装
饰也会使它变得非常吸引人。

ENHANCE FRESHNESS TO ATTRACT CUSTOMERS

▍产品改造细节 ▍

店铺产品的改造也是本次探店的重点之一，和泉光一老师作为各项世界大赛的常任评委，在试吃多款产品后，老师对这些产品都提出了很多专业性的意见和口味改良的建议。他不仅细致地点评了几款甜点，还专门走进后厨，现场为大家演示了这几款甜点的摆盘改造。

◢ 阿拉比卡慕斯

和泉光一：这款甜点的味道很醇厚，并且将苦味与甜味平衡得恰到好处，但是直接将它放在橱窗里的话，很难让顾客产生购买欲望。如果用盘式甜点的形式来呈现，不仅可以增添甜点的造型感，还可以使整体的口味更丰富。

◢ 巧克力炸弹

和泉光一：这款甜点以巧克力为主体，甜度自然会比其他甜点更高一些，所以会给人带来一些甜腻感。其中慕斯部分的味道尝起来有些过浓，更加会让人感到甜腻。所以尽量要减少巧克力的成分，适当地增加鲜奶油的用量，让它的口感变得更加清新。

◢ 菠萝

和泉光一：这款甜点在味道上没有什么问题，非常好吃。唯一的问题就是存放一段时间过后，表面容易开裂。造成这个问题的原因是表面喷砂过多，使之变成了巧克力，从而出现了开裂的现象。

◢ 椰子

和泉光一：这也是一款味道非常棒的甜点，美中不足的是，外层的巧克力比较厚，在以后的制作过程中，可以将原料替换为牛奶巧克力。

在王森名厨中心学习的经历让陈璟昀得到了成长，而此次探店的经历，可以说是为她的甜点之路添砖加瓦。在这一天的时间里，陈璟昀直言收获颇丰，她说："无论是产品的销售思路，还是作品的整体升级，在接下来的日子里，我都会给大家带来视觉与味觉的双重享受。"最后我们也期待杭州甜点界的这颗未来之星能够早日冉冉升起！

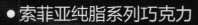

食品喷枪
FOG-50R-06
巧克力、着色、喷砂用喷枪

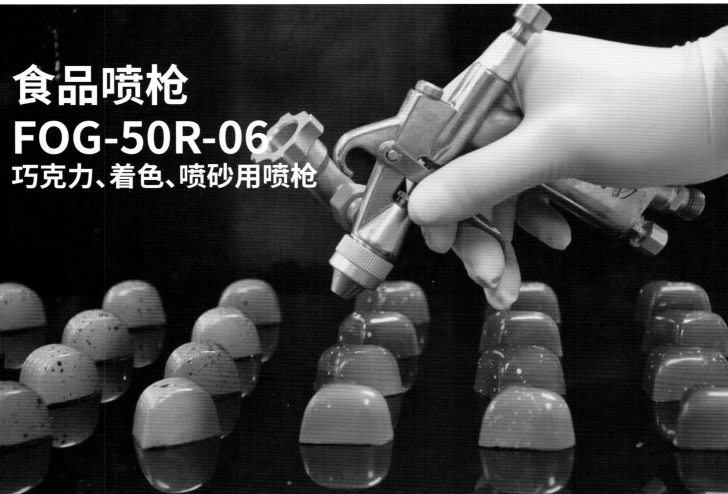

● 阿耐思特岩田自1926年成立以来，通过喷涂设备的生产及销售，为所有产业的发展做出了贡献。
● 2015年开始ANEST IWATA涉足食品行业，为食品设备安全化做出了杰出贡献。

※食品工业用以外的型号也可选，欢迎垂询。

 阿耐思特岩田产业机械(上海)有限公司
ANEST IWATA (SHANGHAI) Corporation

关注岩田微信公众号

1923年，Hans Wachtel先生创立了WACHTEL品牌，为各烘焙店家提供德国制造的烤炉、升降系统与冷冻冷藏装置。2006年，WACHTEL为了满足亚洲快速扩张的市场，在中国台湾省创立了亚洲分公司，将其作为亚洲区中转站，并转型为生产组装中心。到目前为止，业务范围已涉及全亚洲。近几年，WACHTEL尤为关注中国市场，认为中国市场具有巨大的发展潜力，所以为了更好地发展品牌、服务消费者，WACHTEL在2016年上海成立了上海瓦赫国际贸易有限公司，进一步巩固和提升了品牌的世界领导级地位。

WACHTEL china
Found in the best bakeries of the world

上海瓦赫国际贸易有限公司
Tel. +86-21-50307969
上海市漕宝路36号英沃工场3幢105室

源自英伦

KENWOOD
英国凯伍德
欧洲厨师机领先品牌

天生实力 专业帮厨

全新凯伍德厨师机
Chef Titanium 钛金系列

凯伍德厨师机
KVL8300S

5种专业搅拌桨

1700 Ⓦ
1700W强劲功率

15000 HOURS
经15000小时* 实验测试

荣获多项设计大奖

关注英国凯伍德官方微信
轻松成为食物料理能手

*凯伍德内部实验数据

CREATE WITH COLOUR

SQUIRES KITCHEN

高强度专业复配着色剂

- 涵盖整个色谱的缤纷色彩
- 专为蛋糕装饰与糖艺工作者精心设计
- 英国原装进口，符合食品安全标准

着色液　　　着色膏　　　着色粉

着色液：适用于皇家糖霜、饼干糖霜、奶油霜、马卡龙、冰淇淋和蛋糕胚的着色。

着色膏：适用于翻糖膏、杏仁膏、糖花膏、塑形膏、奶油霜和蛋糕胚的着色。

着色粉：适用于糖花彩妆及白色巧克力、马卡龙和蛋糕胚的着色。

§ 旗下品牌 §

上海先卓商贸有限公司
SUPERB COMMERCIAL AND TRADING CO., LTD.SHANGHAI

伊洛蒂（上海）商业道具有限责任公司
ELODIE COMMERCIAL PROPS CO., LTD.SHANGHAI CHINA

| 经典蛋糕模型 |

旗下品牌先卓仿真蛋糕模型，紧跟烘焙业最新的发展动态，已成为行业内公认的领先品牌

| 时尚商业道具 |

身处国际化大城市上海，接触国内外最高端时尚潮流，定制装饰品与商业道具

| 专业橱窗展示 |

专业的橱窗设计，服务于各大饼店连锁、星级酒店及婚纱婚宴中心

电话：021-63635828　63635485

传真：021-62841699

地址：上海市宝山区金勺路1515号宝临工业园

公司邮箱：13818935528@163.com

官方网站：Http://www.shxzfz.com

客服QQ：7690973107　2370155821

致敬
大师级烘焙

日本面包世家
面包大师

谷口 佳典

樱皇精研日式面包粉